园林树木鉴赏

· 徐晔春　崔晓东　李钱鱼　编著 ·

化学工业出版社
· 北京 ·

本书详尽地介绍了多种园林树木的学名、科属、别名、花果期、生境及产地、鉴赏要点及应用，以及它们的识别要点，如形态、株高、叶、花、果的具体特征。每个品种都配有植物全图和局部特写图片，力求全方位展现植物的本真形态和细节特征。

本书可供园林树木生产经营者、业余爱好者以及相关教学科研工作者阅读参考。

图书在版编目（CIP）数据

园林树木鉴赏/徐晔春，崔晓东，李钱鱼编著. —2版.
北京：化学工业出版社，2016.8
ISBN 978-7-122-27436-6

Ⅰ.①园… Ⅱ.①徐…②崔…③李… Ⅲ.①园林树木-鉴赏
Ⅳ.①S68

中国版本图书馆CIP数据核字（2016）第143311号

责任编辑：彭爱铭　　装帧设计：韩　飞
责任校对：边　涛

出版发行：化学工业出版社
（北京市东城区青年湖南街13号　邮政编码100011）
印　　装：北京方嘉彩色印刷有限责任公司
889mm×1194mm　1/32　印张12　字数407千字
2016年9月北京第2版第1次印刷

购书咨询：010-64518888（传真：010-64519686）
售后服务：010-64518899
网　　址：http：//www.cip.com.cn
凡购买本书，如有缺损质量问题，本社销售中心负责调换。

定　　价：68.00元

前言

FOREWORD

本书第一版于2012年出版，出版4年来，深受广大读者欢迎，销售情况良好。出于对本书的热爱和关心，经常有读者联系咨询有关园林植物的问题，并提出一些中肯的建议。考虑到这些建议以及学科的发展，笔者进行改版，做了一些修订，删减了一些南方品种，增加了70余种北方树种，做到了南北兼顾；删减了一些稀有品种，补充了一些常见品种；删减了一些观赏效果一般的叶片局部图，补充了一些赏心悦目的花图。

第二版共介绍园林树木374种，有的以树形见长，有的以花形、花色见长，有的以观叶为主，都具备较高的观赏价值。每个种都配有植物全图和局部特写图片，包括树干、形态、花、果、叶，有些种还附有同属植物以及栽培品种图，以便读者观赏和正确辨识。

由于笔者水平所限，书中不足之处在所难免，敬请广大读者批评指正。

编著者

2016年5月

第一版前言

本书介绍的园林树木共计300多种。书中将园林树木按照裸子植物和被子植物进行分类，详尽地介绍了各种树木的学名、科属、别名、花果期、生境及产地、鉴赏要点及应用，此外还分别介绍了每种树木的识别要点，如形态、株高以及叶、花、果的具体特征。共有1000余张高清晰彩色图片，每个品种都配有植物全图和局部特写图片，力求全方位展现植物的本真形态和细节特征。全书图文对照，描述详尽，让读者在欣赏园林树木的同时，又能全面了解它们的基础知识，更能轻而易举地学会鉴别这些植物，因此具有较强的可读性、观赏性和实用性。

本书精美清晰的图片，贴心的知识细解，丰富详尽的种类，超大的信息容量，带领读者零距离观赏和亲密接触几百种园林树木，使读者在得到美的熏陶的同时，还能获得知识和启迪。

本书在编写过程中力求内容的科学性和准确性。由于编者水平有限，书中难免存在不足之处，敬请读者批评指正。

编者

2011.7

目录

CONTENTS

裸子植物

被子植物

裸子植物

南洋杉科 Araucariaceae

01 南洋杉

学名：*Araucaria cunninghamii*

科属：南洋杉科南洋杉属

别名：肯氏南洋杉、花旗杉

花果期：花期3月

生境及产地：原产于大洋洲东南沿海地区，我国引种栽培

鉴赏要点及应用：株形美观，树干通直，观赏性极佳，为园林绿化常用树种之一，我国南方应用广泛，适合孤植、列植及群植；木材可供建筑、器具、家具等用。栽培的同属植物有大叶南洋杉（*Araucaria bidwillii*）、异叶南洋杉（*Araucaria heterophylla*）。

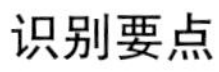

识别要点

大叶南洋杉

异叶南洋杉

形态：常绿乔木，树皮灰褐色或暗灰色，粗糙，横裂；大枝平展或斜伸，幼树冠尖塔形，老则成平顶状。

株高：高可达60 ~ 70米，胸径达1米以上。

叶：叶二型，幼树和侧枝的叶排列疏松，开展，钻状、针状、镰状或三角状，微弯；大树及花果枝上之叶排列紧密而叠盖，斜上伸展，微向上弯，卵形，三角状卵形或三角状。

花：雄球花单生枝顶，圆柱形；雌球花单生枝顶。

果：种球果卵形或椭圆形，种子椭圆形。

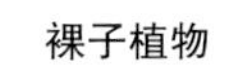

02 翠柏

学名：*Calocedrus macrolepis*
科属：柏科翠柏属
别名：长柄翠柏
花果期：花期3 ~ 4月，果熟期9 ~ 10月
生境及产地：产于云南、贵州、广西及东海南。越南、缅甸也有分布

鉴赏要点及应用：翠柏冠形优美，终年常绿，可用于点缀山石、桥廊等处，也可盆栽用于阶前等绿化；木材具香气，可用于建筑、桥梁、家具等。

识别要点

形态：乔木，树皮红褐色、灰褐色或褐灰色，幼时平滑，老则纵裂；幼树树冠尖塔形，老树则呈广圆形。

株高：高达30 ~ 35米，胸径1 ~ 1.2米。

叶：鳞叶两对交叉对生，成节状，小枝上下两面中央的鳞叶扁平，先端急尖，两侧之叶对折，小枝下面之叶微被白粉或无白粉。

花：雌雄球花分别生于不同短枝的顶端，雄球花矩圆形或卵圆形；着生雌球花及球果的小枝圆柱形或四棱形。

果：球果矩圆形、椭圆柱形或长卵状圆柱形，熟时红褐色，种子近卵圆形或椭圆形，微扁，暗褐色。

03 日本扁柏

学名：*Chamaecyparis obtusa*
科属：柏科扁柏属
别名：白柏、钝叶扁柏、扁柏
花果期：花期4月，球果10 ~ 11月成熟
生境及产地：原产于日本

鉴赏要点及应用：枝叶繁茂，四季常绿，既适合列植也适合丛植，适合公园、绿地等用作景观树种，也可修剪成绿篱；木材具香气，材质强韧，可用于建筑、家具及木纤维工业原料等。常见栽培的品种有云片柏（*Chamaecyparis obtusa* 'Breviramea'）。

识别要点

形态：乔木，树冠尖塔形；树皮红褐色，光滑，裂成薄片脱落。

株高：高可达40米。

叶：鳞叶肥厚，先端钝，小枝上面中央之叶露出部分近方形，绿色，背部具纵脊，通常无腺点，侧面之叶对折呈倒卵状菱形，小枝下面之叶微被白粉。

花：雄球花椭圆形，花药黄色。

果：球果圆球形，熟时红褐色；种子近圆形，两侧有窄翅。

云片柏

04 福建柏

学名：*Fokienia hodginsii*

科属：柏科福建柏属

别名：建柏、滇柏、广柏、滇福建柏

花果期：花期3 ~ 4月，种子翌年10 ~ 11月成熟

生境及产地：产于浙江、福建、广东、江西、湖南、贵州、广西、四川及云南。分布于海拔100 ~ 1800米的山地森林中。越南北部亦有分布

鉴赏要点及应用：株形挺拔、优美，生长快，适合公园、风景区、绿地等栽培观赏；木材纹理细致，坚实耐用，可供房屋建筑、桥梁、土木工程及家具等用。

识别要点

形态：乔木，树皮紫褐色，平滑；二、三年生枝褐色，光滑，圆柱形。

株高：高可达17米。

叶：鳞叶2对交叉对生，成节状，生于幼树或萌芽枝上的中央之叶呈楔状倒披针形，上面之叶蓝绿色，下面之叶中脉隆起，侧面之叶对折，近长椭圆形。

花：雄球花近球形。

果：球果近球形，熟时褐色，种子顶端尖。

05 侧柏

学名：*Platycladus orientalis*

科属：柏科侧柏属

别名：黄柏、香柏、扁桧

花果期：花期3～4月，球果10月成熟

生境及产地：产于内蒙古、吉林、辽宁、河北、山西、山东、江苏、浙江、福建、安徽、江西、河南、陕西、甘肃、四川、云南、贵州、湖北、湖南、广东北部及广西北部等地。朝鲜也有分布

鉴赏要点及应用：侧柏自古以来在园林中就得到了广泛应用，多用于寺庙、陵墓等，也常用于路边、建筑物旁绿化，可列植、孤植；木材细密，耐腐力强，可供建筑、器具、家具、农具及文具等用。

识别要点

形态：乔木，树皮薄，浅灰褐色；枝条向上伸展或斜展，幼树树冠卵状尖塔形，老树树冠则为广圆形。

株高：高达20余米，胸径1米。

叶：叶鳞形，先端微钝，小枝中央的叶的露出部分呈倒卵状菱形或斜方形，两侧的叶船形，先端微内曲。

花：雄球花黄色，卵圆形，雌球花近球形，蓝绿色，被白粉。

果：球果近卵圆形，成熟前近肉质，蓝绿色，被白粉，成熟后木质，开裂，红褐色；种子卵圆形或近椭圆形。

06 圆柏

学名：*Juniperus chinensis* var. *chinensis*

科属：柏科刺柏属

别名：桧、刺柏、红心柏、珍珠柏

花果期：花期4月，果2年后成熟

生境及产地：产于内蒙古、河北、山西、山东、江苏、浙江、福建、安徽、江西、河南、陕西南部、甘肃南部、四川、湖北西部、湖南、贵州、广东、广西北部及云南等地。生于中性土、钙质土及微酸性土上。朝鲜、日本也有分布

鉴赏要点及应用：株形美观，为著名的园景树种，可用于庭园等丛植、孤植、列植等，既可作主景，也可用于背景，观赏效果均佳；也可用于造林；木材具香气，坚韧致密，耐腐，可作房屋建筑、家具、文具及工艺品等用材；树根、树干及枝叶可提取柏木脑的原料及柏木油；枝叶入药，能祛风散寒，活血消肿；种子可提润滑油。常见栽培的品种有丹东桧（*Sabina chinensis* 'Dangdong'）和龙柏（*Sabina chinensis* var. *chinensis* 'Kaizuca'）。

识别要点

形态：乔木，树皮深灰色，纵裂，成条片开裂；尖塔形树冠，老则下部大枝平展，形成广圆形的树冠。

株高：高达20米，胸径达3.5米。

叶：叶二型，即刺叶及鳞叶；刺叶生于幼树之上，老龄树则全为鳞叶，壮龄树兼有刺叶与鳞叶；生于一年生小枝的一回分枝的鳞叶三叶轮生，近披针形，先端微渐尖；刺叶三叶交互轮生，披针形，先端渐尖，有两条白粉带。

花：雌雄异株，稀同株，雄球花黄色，椭圆形。

果：球果近圆球形，2年成熟，熟时暗褐色，被白粉或白粉脱落；种子卵圆形。

丹东桧

龙柏

苏铁科 Cycadaceae

07 苏铁

学名：*Cycas revoluta*

科属：苏铁科苏铁属

别名：铁树、辟火蕉、凤尾蕉

花果期：花期6～7月，种子10月成熟

生境及产地：产于福建、台湾、广东，各地常有栽培。日本南部、菲律宾和印度尼西亚也有分布

鉴赏要点及应用：苏铁为优美的观赏树种，株形奇特古朴，四季常绿，花大美丽，为不可多得的观赏植物，适合庭园的绿地、建筑物旁及厅堂布置及绿化；茎内含淀粉，可供食用；种子含油和丰富的淀粉，微有毒，药用有治痢疾、止咳和止血之效。

识别要点

形态：乔木状，树干圆柱形如有明显螺旋状排列的菱形叶柄残痕。

株高：树干高约2米，稀达8米或更高。

叶：羽状叶从茎的顶部生出，下层的向下弯，上层的斜上伸展，整个羽状叶的轮廓呈倒卵状狭披针形，羽状裂片达100对以上，条形，厚革质，坚硬。

花：雄球花圆柱形，有短梗，小孢子叶窄楔形。

果：种子红褐色或橘红色，倒卵圆形或卵圆形，稍扁，密生灰黄色短绒毛，后渐脱落。

08 华南苏铁

学名：*Cycas rumphii*

科属：苏铁科苏铁属

别名：刺叶苏铁、龙尾苏铁

花果期：花期5 ~ 6月，种子10月成熟

生境及产地：产于印度尼西亚、澳大利亚北部、越南、缅甸、印度及马达加斯加等地。我国华南各地有栽培

鉴赏要点及应用：株形美观，为庭园绿化的优良树种，列植、散植、孤植效果均佳，也可盆栽用于室内绿化。

识别要点

形态：小乔木状，树干圆柱形，上部有残存的叶柄，分枝或不分枝。

株高：高4 ~ 8米，稀达15米。

叶：羽状叶长1 ~ 2米，叶柄两侧有短刺，稀无刺；羽状裂片50 ~ 80对排成两列，长披针状条形或条形，稍弯曲或直，革质，绿色，有光泽，先端渐长尖，边缘平或微反曲，稀微波状。

花：雄球花有短梗，椭圆状矩圆形，小孢子叶楔形，顶部截状，密被红色或褐红色绒毛，大孢子叶初被绒毛，后渐脱落。

果：种子扁圆形或卵圆形。

银杏科 Ginkgoaceae

09 银杏

学名：*Ginkgo biloba*

科属：银杏科银杏属

别名：白果、公孙树、鸭掌树

花果期：花期3 ~ 4月，种子9 ~ 10月成熟

生境及产地：银杏为中生代孑遗的稀有树种，我国特产，仅浙江天目山有野生状态的树木，生于海拔500 ~ 1000米的天然林中，我国南北广泛栽培

鉴赏要点及应用：银杏叶形优美，干形挺拔，春夏季叶色嫩绿，秋季叶色金黄，造景效果极佳，园林中常用作行道树，也可与其他花灌木配植或栽培于庭院观赏；为速生珍贵用材，结构细，富弹性，供建筑、家具、室内装饰、雕刻等用；种子供食用及药用；叶可作药用和制杀虫剂；树皮含单宁。

识别要点

形态：乔木，幼树树皮浅纵裂，大树之皮呈灰褐色，深纵裂，粗糙；幼年及壮年树冠圆锥形，老则广卵形。

株高：高达40米，胸径可达4米。

叶：叶扇形，有长柄，淡绿色，在短枝上常具波状缺刻，在长枝上常2裂，基部宽楔形，在一年生长枝上螺旋状散生，在短枝上3 ~ 8叶呈簇生状。

花：球花雌雄异株，单性，生于短枝顶端的鳞片状叶的腋内，呈簇生状；雄球花葇荑花序状，下垂，雌球花具长梗。

果：种子常为椭圆形、长倒卵形、卵圆形或近圆球形，外种皮肉质，熟时黄色或橙黄色。

松科 Pinaceae

10 雪松

学名： *Cedrus deodara*

科属： 松科雪松属

别名： 香柏

花果期： 雄球花常于第1年秋末抽出，次年早春较雌球花约早1周开放，经人工授粉后，球果第2年10月成熟

生境及产地： 分布于阿富汗至印度，生于海拔1300 ~ 3300米地带。我国栽培广泛

鉴赏要点及应用： 雪松终年常绿，树形美观，为世界著名的观赏树种之一，园林中常用于园路边列植或草坪中孤植、群植，也适合建筑物旁栽培观赏；材质坚实、致密而均匀，具香气，可作建筑、桥梁、造船、家具及器具等用。

识别要点

形态：乔木，树皮深灰色，裂成不规则的鳞状块片；枝平展、微斜展或微下垂。

株高：高达50米，胸径达3米。

叶：叶在长枝上辐射伸展，短枝之叶成簇生状，针形，坚硬，淡绿色或深绿色，上部较宽，先端锐尖，下部渐窄，常呈三棱形。

花：雄球花长卵圆形或椭圆状卵圆形，雌球花卵圆形。

果：球果成熟前淡绿色，微有白粉，熟时红褐色，卵圆形或宽椭圆形；种子近三角状。

11 黄枝油杉

学名：*Keteleeria calcarea*

科属：松科油杉属

花果期：花期3～4月，种子10～11月成熟

生境及产地：为我国特有树种，产于广西北部及贵州南部，多生于石灰岩山地

鉴赏要点及应用：黄枝油杉树干通直，枝叶茂密，观赏性强，可用于公园、绿地、风景区等列植、孤植或丛植观赏；木材可供建筑、家具等用。

识别要点

形态：乔木，树皮黑褐色或灰色，纵裂，成片状剥落；一年生枝黄色，二、三年生枝呈淡黄灰色或灰色。

株高：高20米，胸径80厘米。

叶：叶条形，在侧枝上排列成两列，两面中脉隆起，先端钝或微凹，基部楔形，有短柄，上面光绿色，有白粉。

花：不详。

果：球果圆柱形，成熟时淡绿色或淡黄绿色。

12 铁坚油杉

学名：*Keteleeria davidiana*

科属：松科油杉属

别名：铁坚杉

花果期：花期4月，种子10月成熟。

生境及产地：为我国特有树种，产于甘肃、陕西、四川、湖北、湖南、贵州。常散生于海拔600 ~ 1500米地带。宜生于砂岩、页岩或石灰岩山地。

鉴赏要点及应用：株形美观，生长迅速，孤植、群植均可，适于公园、绿地等种植观赏，也可作行道树。木材可作房屋建筑、桥梁及一般用具等用材。

识别要点

形态：常绿乔木。老枝粗，平展或斜展，树冠广圆形。

株高：高达50米，胸径达2.5米。

叶：叶条形，在侧枝上排列成两列，沿中脉两侧有气孔线，微有白粉。

花：雌雄同株，球花单性。

果：球果圆柱形。

13 青海云杉

学名：*Picea crassifolia*

科属：松科云杉属

花果期：花期4～5月，球果9～10月成熟

生境及产地：为我国特有树种，产于祁连山区、青海、甘肃、宁夏、内蒙古等地，生于海拔1600～3800米的山谷与阴坡处

鉴赏要点及应用：树体高大，可用于庭园列植、群植观赏，也适合用于造林；木材供建筑、桥梁、舟车、家具、器具等用。

识别要点

形态：乔木，一年生嫩枝淡绿黄色，老枝呈淡褐色、褐色或灰褐色。

株高：高达23米，胸径30～60厘米。

叶：叶较粗，四棱状条形，近辐射伸展，或小枝上面之叶直上伸展，下面及两侧之叶向上弯伸，先端钝，或具钝尖头。

花：球花单性，雌雄同株。

果：球果圆柱形或矩圆状圆柱形，成熟前种鳞背部露出部分绿色，上部边缘紫红色；种子斜倒卵圆形。

14 红皮云杉

学名：*Picea koraiensis*

科属：松科云杉属

别名：红皮臭、虎尾松、高丽云杉

花果期：花期5～6月，球果9～10月成熟

生境及产地：产于东北，生于海拔400～1800米地带。朝鲜北部及俄罗斯远东地区也有

鉴赏要点及应用：红皮云杉四季常青，株形美观，为北方绿化常用的园林树种，多用于公园、绿地或社区栽培，列植、孤植效果均佳。材质较好，可供建筑、造船、家具及细木加工等用；树干可割取树脂；树皮及球果的种鳞均含鞣质，可提栲胶。

识别要点

形态：乔木，树皮灰褐色或淡红褐色，很少灰色，裂成不规则薄条片脱落，树冠尖塔形，一年生枝黄色、淡黄褐色或淡红褐色，无白粉，二、三年生枝淡黄褐色、褐黄色或灰褐色。

株高：高达30米以上，胸径60～80厘米。

叶：叶四棱状条形，主枝之叶近辐射排列，侧生小枝上面之叶直上伸展，下面及两侧之叶从两侧向上弯伸，先端急尖。

果：球果卵状圆柱形或长卵状圆柱形，成熟前绿色，熟时绿黄褐色至褐色；种子灰黑褐色，倒卵圆形。

15 白杄

学名：*Picea meyeri*

科属：松科云杉属

别名：红杄、红杄云杉、毛枝云杉

花果期：花期4月，球果9月下旬至10月上旬成熟

生境及产地：为我国特有树种，产于山西、河北、内蒙古等地，生于在海拔1600 ～ 2700米森林地带

鉴赏要点及应用：株形端正，枝叶茂盛，观赏性较强，适合绿地、社区、庭园等列植、孤植或片植观赏；木材结构细，可供建筑、桥梁、家具及木纤维工业原料用。

识别要点

形态：乔木，树皮灰褐色，裂成不规则的薄块片脱落；大枝近平展，树冠塔形；一年生枝黄褐色，二、三年生枝淡黄褐色、淡褐色或褐色。

株高：高达30米，胸径可达60厘米。

叶：主枝之叶常辐射伸展，侧枝上面之叶伸展，两侧及下面之叶向上弯伸，四棱状条形，微弯曲，先端钝尖或钝。

果：球果成熟前绿色，熟时褐黄色，矩圆状圆柱形；种子倒卵圆形。

16 青杆

学名：*Picea wilsonii*

科属：松科云杉属

别名：白杆云杉、细叶云杉、华北云杉

花果期：花期4月，球果10月成熟

生境及产地：为我国特有树种，产于内蒙古、河北、山西、陕西、湖北、甘肃、青海、四川等地，常成单纯林或与其他针叶树、阔叶树种混生成林

鉴赏要点及应用：本种冠形美，枝叶茂盛，层次感强，为优良的庭园树种，列植、丛植效果均佳；木材纹理直，结构稍粗，可供建筑、土木工程、器具、家具及木纤维工业原料等用。

识别要点

形态：乔木，树皮灰色或暗灰色，裂成不规则鳞状块片脱落；枝条近平展，树冠塔形；一年生枝淡黄绿色或淡黄灰色，二、三年生枝淡灰色、灰色或淡褐灰色。

株高：高达50米，胸径达1.3米。

叶：叶排列较密，在小枝上部向前伸展，小枝下面之叶向两侧伸展，四棱状条形，直或微弯，较短，先端尖。

果：球果卵状圆柱形或圆柱状长卵圆形，成熟前绿色，熟时黄褐色或淡褐色；种子倒卵圆形。

17 白皮松

学名：*Pinus bungeana*

科属：松科松属

别名：白骨松、三针松、虎皮松、白果松

花果期：花期4 ~ 5月，球果第2年10 ~ 11月成熟

生境及产地：为我国特有树种，产于山西、河南、陕西、甘肃、四川及湖北等地，生于海拔500 ~ 1800米地带

鉴赏要点及应用：本种枝形开展，树姿优美，树皮白褐相间、极为美观，适合公园、绿地、庭院列植或片植观赏，也可用于造林；木材花纹美丽，可供房屋建筑、家具、文具等用；种子可食。

识别要点

形态：乔木，有明显的主干，或从树干近基部分成数干；枝较细长，斜展，形成宽塔形至伞形树冠；幼树树皮光滑，呈灰绿色，长大后树皮成不规则的薄块片脱落。

株高：高达30米，胸径可达3米。

叶：针叶3针一束，粗硬，先端尖，边缘有细锯齿。

花：雄球花卵圆形或椭圆形，多数聚生于新枝基部成穗状。

果：球果通常单生，初直立，后下垂，成熟前淡绿色，熟时淡黄褐色，卵圆形或圆锥状卵圆形；种子灰褐色，近倒卵圆形。

18 马尾松

学名：*Pinus massoniana*
科属：松科松属
别名：青松、山松、枞松
花果期：花期4～5月，球果第2年10～12月成熟
生境及产地：产于河南、陕西、长江中下游各省区，南达福建、广东、台湾北部低山及西海岸，西至四川中部，西南至贵州

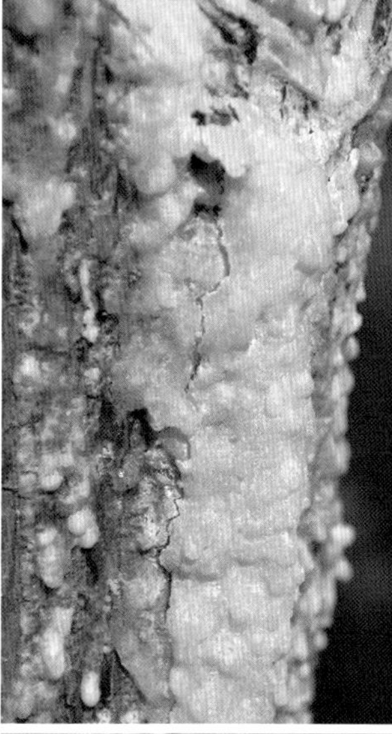

鉴赏要点及应用：马尾松适应性极强，易栽培，多用于造林，也适合公园、绿地等栽培观赏；材质一般，供建筑、家具及木纤维工业原料等使用；树干可割取松脂，为医药、化工原料；树皮可提取栲胶。

识别要点

形态：乔木，树皮红褐色，下部灰褐色，裂成不规则的鳞状块片；枝平展或斜展，树冠宽塔形或伞形。

株高：高达45米，胸径1.5米。

叶：针叶2针一束，稀3针一束，细柔，微扭曲，两面有气孔线，边缘有细锯齿。

花：雄球花淡红褐色，圆柱形，弯垂，聚生于新枝下部苞腋，穗状；雌球花单生或2～4个聚生于新枝近顶端，淡紫红色。

果：球果卵圆形或圆锥状卵圆形，下垂，成熟前绿色，熟时栗褐色；种子长卵圆形。

19 樟子松

学名：*Pinus sylvestris* var. *mongolica*

科属：松科松属

别名：海拉尔松

花果期：花期5～6月，球果第2年9～10月成熟

生境及产地：产于黑龙江大兴安岭海拔400～900米山地及海拉尔以西、以南一带沙丘地区。蒙古国也有分布

鉴赏要点及应用：本种株形挺拔，四季常绿，生长快，可用于庭园的路边、草坪、建筑物旁栽培观赏，列植、孤植均可，也是造林的优良树种；材质较细，纹理直，可供建筑、船舶、器具、家具及木纤维工业原料等用；树干可割树脂，提取松香及松节油；树皮可提栲胶。

识别要点

形态：乔木，树干下部灰褐色或黑褐色；枝斜展或平展，幼树树冠尖塔形，老则呈圆顶或平顶，树冠稀疏；一年生枝淡黄褐色，二、三年生枝呈灰褐色。

株高：高达25米，胸径达80厘米。

叶：针叶2针一束，硬直，常扭曲，先端尖，边缘有细锯齿。

花：雄球花圆柱状卵圆形，聚生新枝下部；雌球花有短梗，淡紫褐色。

果：球果卵圆形或长卵圆形，成熟前绿色，熟时淡褐灰色，熟后开始脱落；种子黑褐色，长卵圆形或倒卵圆形，微扁。

20 长白松

学名： *Pinus sylvestris* var. *sylvestriformis*

科属： 松科松属

别名： 美人松、长白赤松、长果赤松

花果期： 花期5月下旬至6月上旬，球果翌年8月中旬成熟

生境及产地： 产于吉林长白山北坡海拔800 ~ 1600米的山地中

鉴赏要点及应用： 本种树体高大，终年常绿，树姿优雅，为著名的观赏树种，适合路边、草地中、建筑物旁等绿化，片植、列植、孤植效果均佳。

识别要点

形态：乔木，树干通直平滑，龟裂，一年生枝淡褐色或淡黄褐色，无白粉，二、三年生枝淡灰褐色或灰褐色。

株高：高20 ~ 30米，胸径25 ~ 40厘米，稀达1米。

叶：针叶2针一束，较粗硬。

花：雌球花暗紫红色。

果：一年生小球果近球形，具短梗，弯曲下垂，成熟的球果卵状圆锥形；种子长卵圆形或三角状卵圆形。

21 油松

学名：*Pinus tabuliformis* var. *tabuliformis*

科属：松科松属

别名：红皮松、短叶马尾松、东北黑松

花果期：花期4 ～ 5月，球果第2年10月成熟

生境及产地：为我国特有树种，产于吉林、辽宁、河北、河南、山东、山西、内蒙古、陕西、甘肃、宁夏、青海及四川等地，生于海拔100 ～ 2600米地带，多组成单纯林

鉴赏要点及应用：油松株形挺拔，四季常青，易栽培养护，可用作行道树或用于庭园绿化，也常与其他树种配植；材质较硬，树脂丰富，可供建筑、造船、家具及木纤维工业等用；树干可割取树脂，提取松节油；树皮可提取栲胶；松节、松针（即针叶）、花粉均供药用。

识别要点

形态：乔木，树皮灰褐色或褐灰色，枝平展或向下斜展，老树树冠平顶，小枝较粗，褐黄色，无毛，幼时微被白粉。

株高：高达25米，胸径可达1米以上。

叶：针叶2针一束，深绿色，粗硬。

花：雄球花圆柱形，在新枝下部聚生成穗状。

果：球果卵形或圆卵形，有短梗，向下弯垂，成熟前绿色，熟时淡黄色或淡褐黄色；种子卵圆形或长卵圆形。

22 黑松

学名：*Pinus thunbergii*

科属：松科松属

别名：日本黑松

花果期：花期4 ~ 5月，种子第2年10月成熟

生境及产地：原产于日本及朝鲜南部海岸地区。我国引种栽培

鉴赏要点及应用：本种抗性强，树姿遒劲古雅，适合道路两边或庭园绿化，也是制作盆景的优良材料；材质较细，纹理直，可作建筑、器具、板料及薪炭等用；亦可提取树脂。栽培的同属植物有欧洲黑松（*Pinus nigra*）。

识别要点

形态：乔木，幼树树皮暗灰色，老则灰黑色，枝条开展，树冠宽圆锥状或伞形；一年生枝淡褐黄色，无毛。

株高：高达30米，胸径可达2米。

叶：针叶2针一束，深绿色，有光泽，粗硬，边缘有细锯齿。

花：雄球花淡红褐色，圆柱形，雌球花单生或2 ~ 3个聚生于新枝近顶端，直立，有梗，卵圆形，淡紫红色或淡褐红色。

果：球果成熟前绿色，熟时褐色，圆锥状卵圆形或卵圆形；种子倒卵状椭圆形。

欧洲黑松

23 金钱松

学名：*Pseudolarix amabilis*

科属：松科金钱松属

别名：金松、水树

花果期：花期4月，球果10月成熟

生境及产地：为我国特有树种，产于江苏、浙江、安徽、福建、江西、湖南、湖北、四川等地，生于海拔100 ~ 1500米的针叶树、阔叶树林中

鉴赏要点及应用：本种树干通直，冠形优美，春天叶片翠绿，秋季金黄，极为美观，为园林绿化的优良树种，适合庭园的路边、建筑物旁等栽培观赏；木材硬度适中，材质稍粗，可作建筑、板材、家具及木纤维工业原料等用；树皮可提栲胶，入药（俗称土槿皮）可治顽癣和食积等症；根皮亦可药用，也可作造纸原料；种子可榨油。

识别要点

形态：乔木，树干通直，树皮粗糙，灰褐色，裂成不规则的鳞片状块片；枝平展，树冠宽塔形；一年生枝淡红褐色或淡红黄色，二、三年生枝淡黄灰色或淡褐灰色，稀淡紫褐色。

株高：高达40米，胸径达1.5米。

叶：叶条形，柔软，镰状或直，上部稍宽，先端锐尖或尖；长枝之叶辐射伸展，短枝之叶簇状密生。

花：雄球花黄色，圆柱状，下垂；雌球花紫红色，直立，椭圆形。

果：球果卵圆形或倒卵圆形，成熟前绿色或淡黄绿色，熟时淡红褐色；种子卵圆形，白色。

24 陆均松

学名：*Dacrydium elatum*
科属：罗汉松科陆均松属
别名：卧子松、泪柏
花果期：花期3月，种子10 ~ 11月成熟
生境及产地：产于海南，生于海拔500 ~ 1600米山地林中。越南、柬埔寨、泰国亦有分布

鉴赏要点及应用：陆均松树干挺直，叶色翠绿，生长较快。可用于风景区、庭园等栽培观赏，也可用于造林；木材结构细密，可供建筑及造船等用。

识别要点

形态：乔木，树干直，树皮稍粗糙，有浅裂纹；大枝轮生，多分枝；小枝下垂，绿色。

株高：高达30米，胸径达1.5米。

叶：叶二型，螺旋状排列，紧密；幼树、萌生枝或营养枝上之叶较长，镰状针形，稍弯曲，先端渐尖；老树或果枝之叶较短，钻形或鳞片状。

花：雄球花穗状；雌球花单生枝顶，无梗。

果：种子卵圆形，成熟时红色或褐红色。

25 长叶竹柏

学名： *Podocarpus fleuryi*

科属： 罗汉松科竹柏属

别名： 桐木树

花果期： 花期3 ～ 4月，种子10月成熟

生境及产地： 产于云南、广西、广东等地；常散生于常绿阔叶树林中。越南、柬埔寨也有

鉴赏要点及应用： 树形美观，树干通直，多用于园景树种，适合道路两边、草坪或一隅栽培观赏，可丛植、列植，效果均佳。常见栽培的同属植物有竹柏（*Podocarpus nagi*）。

识别要点

形态：乔木。树干直，树冠塔形。

株高：树高可达30米，胸径达70厘米。

叶：叶交叉对生，宽披针形，质地厚，上部渐窄，先端渐尖，基部楔形。

花：雄球花穗腋生，常3 ～ 6个簇生于总梗上；雌球花单生叶腋，有梗。

果：种子圆球形，熟时假种皮蓝紫色。

竹柏

26 罗汉松

学名：*Podocarpus macrophyllus*

科属：罗汉松科罗汉松属

别名：罗汉杉、土杉

花果期：花期4～5月，种子8～9月成熟

生境及产地：产于江苏、浙江、福建、安徽、江西、湖南、四川、云南、贵州、广西、广东等地，野生的树木极少。日本也有分布

鉴赏要点及应用：为著名的观赏树种，株形美观，易于造型，在庭园中应用较多，可植于建筑物旁或一隅、假山石旁、路边等处，也可盆栽用于室内厅堂的装饰；材质细致均匀，易加工，可作家具、器具、文具及农具等用材。

识别要点

形态：乔木，树皮灰色或灰褐色，浅纵裂；枝开展或斜展，较密。

株高：高达20米，胸径达60厘米。

叶：叶螺旋状着生，条状披针形，微弯，先端尖，基部楔形。

花：雄球花穗状、腋生，常3～5个簇生于极短的总梗上；雌球花单生叶腋，有梗。

果：种子卵圆形，先端圆，熟时肉质假种皮紫黑色，种托肉质圆柱形，红色或紫红色。

红豆杉科 Taxaceae

27 红豆杉

学名： *Taxus chinensis*

科属： 红豆杉科红豆杉属

花果期： 花期4～5月，果期10月

生境及产地： 为我国特有树种，产于甘肃、陕西、四川、云南、贵州、湖北、湖南、广西和安徽，生于海拔1000～1200米以上的高山上部

鉴赏要点及应用： 株形美观、四季常青，常用于公园、绿地等栽培观赏，也可盆栽用于庭院、厅堂摆放观赏；材质纹理直，结构细，坚实耐用，可供建筑、家具、文具等用。

识别要点

形态：乔木，树皮灰褐色、红褐色或暗褐色；大枝开展，一年生枝绿色或淡黄绿色，秋季变成绿黄色或淡红褐色，二、三年生枝黄褐色、淡红褐色或灰褐色。

株高：高达30米，胸径达0.6～1米。

叶：叶排列成两列，条形，微弯或较直，上部微渐窄，先端常微急尖，稀急尖或渐尖。

花：雄球花淡黄色。

果：种子呈卵圆形，上部渐窄，稀倒卵状。

28 榧树

学名： *Torreya grandis*

科属： 红豆杉科榧树属

别名： 榧、凹叶榧、野杉

花果期： 花期4月，种子翌年10月成熟

生境及产地： 为我国特有树种，产于江苏、浙江、福建、江西、安徽，西至湖南西南部及贵州松桃等地，生于海拔1400米以下

鉴赏要点及应用： 枝叶繁茂，冠形优美，且抗性强，可用于公园、绿地、社区等栽培观赏，丛植、列植效果均佳；材质结构细，有香气，耐水湿，为建筑、造船、家具等的优良用材；种子为著名的干果，亦可榨食用油；其假种皮可提炼芳香油。

识别要点

形态：乔木，树皮浅黄灰色、深灰色或灰褐色，不规则纵裂；一年生枝绿色，二、三年生枝黄绿色、淡褐黄色或暗绿黄色，稀淡褐色。

株高：高达25米，胸径55厘米。

叶：叶条形，排列成两列，通常直，先端凸尖。

花：雄球花圆柱状，雄蕊多数。

果：种子椭圆形、卵圆形、倒卵圆形或长椭圆形，熟时假种皮淡紫褐色，有白粉。

杉科 Taxodiaceae

29 柳杉

学名：*Cryptomeria fortunei*
科属：杉科柳杉属
别名：长叶孔雀松
花果期：花期4月，球果10月成熟
生境及产地：为我国特有树种，产于浙江、福建及江西等地海拔1100米以下地带

鉴赏要点及应用：树干通直，枝叶秀丽，观赏性较强，适合公园、绿地等列植栽培观赏，也可孤植于一隅或建筑物旁，同样可取得较好的观赏效果；材质较轻软，纹理直，结构细，耐腐力强，可供房屋建筑、电杆、器具、家具及造纸原料等用。

识别要点

形态：乔木，树皮红棕色，裂成长条片脱落；大枝近轮生，平展或斜展；小枝细长，常下垂，绿色，枝条中部的叶较长，常向两端逐渐变短。

株高：高达40米，胸径可达2米多。

叶：叶钻形略向内弯曲，先端内曲，果枝的叶通常较短，幼树及萌芽枝的叶较长。

花：雄球花单生叶腋，长椭圆形，集生于小枝上部，成短穗状花序状；雌球花顶生于短枝上。

果：球果圆球形或扁球形；种子褐色，近椭圆形。

30 水松

学名：*Glyptostrobus pensilis*

科属：杉科水松属

花果期：花期1 ~ 2月，球果秋后成熟

生境及产地：为我国特有树种，产于广东、福建、江西、四川、广西及云南等地

鉴赏要点及应用：水松株形开展，冠形美，春季叶色鲜绿，秋季转为红褐色，膨大的基部极为奇特，观赏性极佳，适合公园、绿地、风景区等路边或湿地栽培观赏，列植、散植均可；木材纹理细，耐水湿，可作建筑、桥梁、家具等用材；根部的木质轻松，可做救生圈、瓶塞等软木用具；种鳞、树皮含单宁，可染渔网或制皮革。

识别要点

形态：乔木，生于湿生环境者，树干基部膨大成柱槽状，并且有伸出土面或水面的吸收根，柱槽高达70余厘米，干基直径达0.6 ~ 1.2米；枝条稀疏，大枝近平展，上部枝条斜伸。

株高：高8 ~ 10米，稀达25米。

叶：叶多型，鳞形叶较厚或背腹隆起，螺旋状着生于多年生或当年生的主枝上，条形叶两侧扁平，薄，常列成二列，先端尖，基部渐窄，条状钻形叶两侧扁，先端渐尖或尖钝，微向外弯。

果：球果倒卵圆形；种子椭圆形，稍扁，褐色。

31 落羽杉

学名：*Taxodium distichum*

科属：杉科落羽松属

别名：落羽松

花果期：花期4月下旬，球果10月成熟

生境及产地：原产于北美东南部，耐水湿，能生于排水不良的沼泽地上

鉴赏要点及应用：本种冠形优美，树干通直，为著名的园林树种，可用于庭园的路边及水岸边种植观赏；木材重，纹理直，耐腐力强，可用于建筑、家具、造船等。常见栽培的同属植物有墨西哥落羽杉（*Taxodium mucronatum*）。

识别要点

形态：落叶乔木，树干尖削度大，干基通常膨大，常有屈膝状的呼吸根；树皮棕色，枝条水平开展，幼树树冠圆锥形，老则呈宽圆锥状。

株高：在原产地高达50米，胸径可达2米。

墨西哥落羽杉

叶：叶条形，扁平，基部扭转，在小枝上排列成二列，羽状，先端尖。

花：雄球花卵圆形，有短梗，在小枝顶端排列成总状花序状或圆锥花序状。

果：球果球形或卵圆形，有短梗，向下斜垂，熟时淡褐黄色，种子不规则三角形。

被子植物

爵床科 Acanthaceae

黄花假杜鹃

01 假杜鹃

学名： *Barleria cristata*

科属： 爵床科假杜鹃属

花果期： 花期11 ~ 12月，果期冬春

生境及产地： 产于台湾、福建、广东、海南、广西、四川、贵州、云南和西藏等地。生于海拔700 ~ 1100米的山坡、路旁或疏林下阴处，在干燥草坡或岩石中也可生长。中南半岛、印度和印度洋一些岛屿也有分布

鉴赏要点及应用： 本种性强健，易栽培，开花繁茂，适合公园路边、假山石边、墙垣边种植观赏，丛植、片植均佳，极富野趣；药用全草，具有通筋活络，解毒消肿的功效。常见栽培的同属种有黄花假杜鹃（*Barleria prionitis*）。

识别要点

形态：小灌木，茎圆柱状，被柔毛，有分枝。

株高：高达2米。

叶：叶片纸质，椭圆形、长椭圆形或卵形，先端急尖，有时有渐尖头，基部楔形，下延，全缘，长枝叶常早落；腋生短枝的叶小，具短柄，叶片椭圆形或卵形。

花：叶腋内通常着生2朵花。短枝有分枝，花在短枝上密集。花冠蓝紫色或白色，2唇形，花冠管圆筒状，喉部渐大，冠檐5裂，裂片近相等，长圆形。

果：蒴果长圆形，两端急尖，无毛。

02 可爱花

学名：*Eranthemum pulchellum*
科属：爵床科喜花草属
别名：喜花草、爱春花、蓝花仔
花果期：花期秋冬
生境及产地：分布于印度及热带喜马拉雅地区

鉴赏要点及应用：可爱花花期长，开花繁茂，为优良的花灌木，适合公园、绿地、庭院丛植或与其他花灌木配植，盆栽适合厅堂摆放观赏。

识别要点

形态：灌木，枝4棱形，无毛或近无毛。

株高：高可达2米。

叶：叶对生，具叶柄，叶片通常卵形，有时椭圆形，顶端渐尖或长渐尖，基部圆或宽楔形并下延，两面无毛或近无毛，全缘或有不明显的钝齿，侧脉每边8 ~ 10条。

花：穗状花序顶生和腋生，具覆瓦状排列的苞片；苞片叶状，白绿色；花萼白色；花冠蓝色或白色，高脚碟状，冠檐裂片5，通常倒卵形，近相等。

果：蒴果，有种子4粒。

03 紫云杜鹃

学名：*Pseuderanthemum laxiflorum*

科属：爵床科山壳骨属

别名：大花钩粉草

花果期：花期春夏

生境及产地：产于南美洲

鉴赏要点及应用：花色姣美，精致可爱，观赏性极佳，适合庭园的园路边、水岸边或建筑物旁栽培观赏，盆栽可用于居家装饰。

识别要点

形态：常绿小灌木，茎四棱形，淡紫红色。

株高：高约0.5 ~ 1.2米。

叶：叶对生，叶片长椭圆形、卵状披针形，叶脉明显，先端尖，基部楔形，全缘。

花：花腋生，聚伞花序，花紫红色，漏斗状，花瓣5，前裂片较大。

果：蒴果。

04 黄脉爵床

学名：*Sanchezia nobilis*
科属：爵床科黄脉爵床属
别名：金脉爵床
花果期：花期春季
生境及产地：在我国广东、海南、香港、云南等地植物园栽培。原产于厄瓜多尔

鉴赏要点及应用：本种叶色明艳，极具观赏性，适合群植、片植观赏，或配植于坡地、庭院入口处、假山石旁等处。也可盆栽用于大门两侧或厅堂绿化。

识别要点

形态：灌木。

株高：高达2米。

叶：叶片矩圆形，倒卵形，顶端渐尖，或尾尖，基部楔形至宽楔形，下沿，边缘为波状圆齿，侧脉黄色。

花：顶生穗状花序小，苞片大，花冠黄色，花丝伸出花冠外。

果：蒴果。

05 直立山牵牛

学名：*Thunbergia erecta*

科属：爵床科山牵牛属

别名：硬枝老鸦嘴

花果期：花期近全年

生境及产地：原产于热带西部非洲，各地栽培为观赏植物

鉴赏要点及应用：本种抗性强，易管理，生长繁茂，且花期长，色泽艳丽，为不可多得的观赏植物，适合园路边、墙垣或一隅栽培观赏，也适合用作花篱或盆栽。

识别要点

形态：直立灌木，茎4棱形，多分枝，初被稀疏柔毛，不久脱落成无毛。

株高：高达2米。

叶：叶片近革质，卵形至卵状披针形，有时菱形，先端渐尖，基部楔形至圆形，边缘具波状齿或不明显3裂。

花：花单生于叶腋，花冠管白色，喉黄色，冠檐紫堇色，内面散布有小圆透明凸起。

果：蒴果。

06 青榨槭

学名：*Acer davidii*

科属：槭树科槭属

别名：青虾蟆

花果期：花期4月，果期9月

生境及产地：产于华北、华东、中南、西南各省区。在黄河流域、长江流域和东南沿海各省区，常生于海拔500 ~ 1500米的疏林中

鉴赏要点及应用：本种生长迅速，冠形美观，可用于绿地、校园、公园绿化或用于造林。树皮纤维较长，又含单宁，可作工业原料。

识别要点

形态：落叶乔木，树皮黑褐色或灰褐色，常纵裂成蛇皮状。

株高：高约10 ~ 15米，稀达20米。

叶：叶纸质，外貌长圆卵形或近于长圆形，先端锐尖或渐尖，常有尖尾，基部近于心脏形或圆形，边缘具不整齐的钝圆齿。

花：花黄绿色，杂性。

果：翅果。

07 毛花槭

学名：*Acer erianthum*
科属：槭树科槭属
别名：阔翅槭
花果期：花期5月，果期9月
生境及产地：产于陕西、湖北、四川、云南和广西北部。生于海拔1800 ~ 2300米的混交林中

鉴赏要点及应用：本种叶形美观，开花量大，有较高的观赏性，适合公园、绿地等孤植或三五株丛株，也可用于庭前、办公楼前美化。

识别要点

形态：落叶乔木，树皮淡灰色或灰褐色。

株高：高8 ~ 10米，稀达15米。

叶：叶纸质，基部近于圆形或截形，稀心脏形，常5裂，稀7裂，边缘有尖锐而紧贴的锯齿，仅靠近基部的部分全缘。

花：花单性，同株，多数成直立而被柔毛或无毛的圆锥花序，花瓣白色微带淡黄色。

果：翅果。

08 梣叶槭

学名： *Acer negundo*

科属： 槭树科槭属

别名： 复叶槭

花果期： 花期4 ~ 5月，果期9月

生境及产地： 产于北美洲

鉴赏要点及应用： 本种冠形美观，可作行道树或庭荫树种。花蜜是很好的蜜源植物。

识别要点

形态：落叶乔木，树皮黄褐色或灰褐色。

株高：高达20米。

叶：羽状复叶，小叶纸质，卵形或椭圆状披针形，先端渐尖，基部钝一形或阔楔形，边缘常有3 ~ 5个粗锯齿，稀全缘。

花：雄花的花序聚伞状，雌花的花序总状，花小，黄绿色。

果：翅果。

红鸡爪槭

红羽毛枫

09 鸡爪槭

学名： *Acer palmatum*

科属： 槭树科槭属

花果期： 花期5月，果期9月

生境及产地： 产于山东、河南南部、江苏、浙江、安徽、江西、湖北、湖南、贵州等地。生于海拔200 ~ 1200米的林边或疏林中。朝鲜和日本也有分布

鉴赏要点及应用： 株形美观，叶形奇特，春季翠绿，秋季鲜红，有极高的观赏性，在我国园林中应用极为广泛；适合草坪、假山石边、墙垣处、亭廊边等处栽培，孤植、列植均可；常见栽培的品种有红枫（*Acer palmatum* 'Atropureum'）、羽毛枫（*Acer palmatum* 'Kissectum'）、红羽毛枫（*Acer palmatum* 'Ornatum'）、红鸡爪槭（*Acer palmatum* f. *atropurpureum*）、细叶鸡爪槭（*Acer palmatum* var. *dissectum*）等。

识别要点

形态：落叶小乔木；当年生枝紫色或淡紫绿色；多年生枝淡灰紫色或深紫色。

株高：可达8米。

叶：叶纸质，外貌圆形，基部心脏形或近于心脏形，稀截形，5 ~ 9掌状分裂，通常7裂，裂片长圆卵形或披针形，先端锐尖或长锐尖，边缘具紧贴的尖锐锯齿。

花：花紫色，杂性，雄花与两性花同株，生于无毛的伞房花序，叶发出以后才开花；花瓣5，椭圆形或倒卵形，先端钝圆。

果：翅果嫩时紫红色，成熟时淡棕黄色；小坚果球形。

10 花楷槭

学名：*Acer ukurundense*

科属：槭树科槭属

花果期：花期5月，果期9月

生境及产地：产于东北。生于海拔500 ~ 1500米的疏林中。俄罗斯西伯利亚、朝鲜和日本也有分布

鉴赏要点及应用：叶大美观，花序大，可供观赏，适合庭园路边、角隅孤植欣赏，也可用作行道树。

识别要点

形态：落叶乔木，树皮粗糙，灰褐色或深褐色，常裂成薄片脱落。

株高：通常高8 ~ 10米，稀达15米。

叶：叶膜质或纸质，基部截形或近于心脏形，外貌近于圆形，常5裂，稀7裂，边缘有粗锯齿。

花：花黄绿色，单性，雌雄异株。

果：翅果。

漆树科 Anacardiaceae

11 南酸枣

学名： *Choerospondias axillaris*

科属： 漆树科南酸枣属

别名： 山枣、五眼果、酸枣

花果期： 花期4月，果期8 ~ 10月

生境及产地： 产于西藏、云南、贵州、广西、广东、湖南、湖北、江西、福建、浙江、安徽。生于海拔300 ~ 2000米的山坡、丘陵或沟谷林中。印度、中南半岛和日本也有

鉴赏要点及应用： 本种树干通直，生长快，适应性强，可用于公园、社区、风景区等作行道树或风景树种，也可用于造林；树皮和叶可提栲胶；果可生食或酿酒；果核可作活性炭原料；茎皮纤维可作绳索；树皮和果入药，有消炎解毒、止血止痛之效。

识别要点

形态：落叶乔木，树皮灰褐色，片状剥落，小枝粗壮。

株高：高8 ~ 20米。

叶：奇数羽状复叶，小叶膜质至纸质，卵形或卵状披针形或卵状长圆形，先端长渐尖，基部多少偏斜，阔楔形或近圆形，全缘或幼株叶边缘具粗锯齿。

花：花瓣长圆形，具褐色脉纹，开花时外卷。

果：核果椭圆形或倒卵状椭圆形，成熟时黄色。

12 黄栌

学名： *Cotinus coggygria*

科属： 漆树科黄栌属

花果期： 花期4 ~ 5月，果期6 ~ 7月

生境及产地： 产于河北、山东、河南、湖北、四川。生于海拔700 ~ 1620米的向阳山坡林中。间断分布于东南欧

鉴赏要点及应用： 本种抗性强，易栽培，秋季叶片转红，为著名观叶植物，适合庭园的路边、小径或庭前栽培观赏。木材黄色，古代作黄色染料。树皮和叶可提栲胶。叶含芳香油，为调香原料。

识别要点

形态：灌木。

株高：高3 ~ 5米。

叶：叶倒卵形或卵圆形，先端圆形或微凹，基部圆形或阔楔形，全缘，两面或尤其叶背显著被灰色柔毛。

花：圆锥花序被柔毛；花杂性，花瓣卵形或卵状披针形。

果：核果，果肾形。

13 人面子

学名：*Dracontomelon duperreanum*

科属：漆树科人面子属

别名：人面树、银莲果

花果期：花期春季，果熟期秋季

生境及产地：产于云南、广西、广东。生于海拔120 ~ 350米（个别地区可低至海拔93米）的林中。越南也有

鉴赏要点及应用：人面子冠形优美，四季常绿，为优良的风景树种，适合校园、小区、公园等园路边种植观赏；果肉可食或盐渍作菜或制其他食品，入药能醒酒解毒；木材致密而有光泽，耐腐力强，供建筑和家具用；种子油可制皂或作润滑油。

识别要点

形态：常绿大乔木，幼枝具条纹，被灰色绒毛。

株高：高达20余米。

叶：奇数羽状复叶，小叶互生，近革质，长圆形，自下而上逐渐增大，先端渐尖，基部常偏斜，阔楔形至近圆形，全缘。

花：圆锥花序顶生或腋生，比叶短，花白色，花瓣披针形或狭长圆形。

果：核果扁球形，成熟时黄色，果核压扁。

14 杧果

学名：*Mangifera indica*

科属：漆树科杧果属

别名：芒果、马蒙、蜜望子

花果期：花期春季，果熟期夏秋

生境及产地：产于云南、广西、广东、福建、台湾。生于海拔200 ~ 1350米的山坡、河谷或旷野的林中。印度、孟加拉、中南半岛和马来西亚也有

鉴赏要点及应用：本种冠形美观，郁闭度大，可用作行道树或风景树，也可孤植于草地、庭院中欣赏，也是瓜果专类园常用的树种之一；为热带著名水果，汁多味美，还可制罐头和果酱或盐渍供调味，亦可酿酒；果皮入药，为利尿剂，果核疏风止咳；叶和树皮可作黄色染料；木材坚硬，可用于家具制作等。

识别要点

形态：常绿大乔木，树皮灰褐色，小枝褐色，无毛。

株高：高10 ~ 20米。

叶：叶薄革质，常集生枝顶，叶形和大小变化较大，通常为长圆形或长圆状披针形，先端渐尖、长渐尖或急尖，基部楔形或近圆形，边缘皱波状。

花：圆锥花序，多花密集，花小，杂性，黄色或淡黄色，花瓣长圆形或长圆状披针形，开花时外卷。

果：核果大，肾形，压扁，成熟时黄色，中果皮肉质，肥厚，鲜黄色，味甜，果核坚硬。

15 火炬树

学名：*Rhus hirta*

科属：漆树科盐肤木属

别名：鹿角漆

花果期：花期5 ~ 7月，果期9 ~ 11月

生境及产地：原产于北美，我国北方地区广泛栽培

鉴赏要点及应用：本种适应性极强，花大美观，秋叶变红，十分鲜艳，在我国北方已大量应用，适合公园、绿地的路边、墙隅、山石边等栽培观赏；也常用作水土保持工程；树皮、叶含有单宁，是制取鞣酸的原料；果实含有柠檬酸和维生素C，可作饮料；种子含油蜡，可制肥皂和蜡烛；木材黄色，可用作雕刻、工艺品；根皮可入药。

识别要点

形态：落叶灌木或小乔木，分枝少，小枝粗壮并密被褐色茸毛。

株高：高可达10米。

叶：叶互生，奇数羽状复叶，小叶9 ~ 27片，长圆形至披针形，先端长，渐尖，基部圆形或广楔形，缘有整齐锯齿。

花：雌雄异株，顶生直立圆锥花序，雌花序及果穗鲜红色，雌花序及果穗鲜红。

果：核果球形，略压扁。

番荔枝科 Annonaceae

16 山椒子

学名： *Uvaria grandiflora*
科属： 番荔枝科紫玉盘属
别名： 大花紫玉盘、红肉梨、川血乌
花果期： 花期3～11月，果期5～12月
生境及产地： 产于广东南部及其岛屿。生于低海拔灌木丛中或丘陵山地疏林中。印度、缅甸、泰国、越南、马来西亚、菲律宾和印度尼西亚也有

鉴赏要点及应用： 花大，果奇特，可用于假山石、墙垣等处绿化，也可盆栽修剪成灌木状，用于装饰厅堂、阶前等处。常见栽培的同属植物有紫玉盘（*Uvaria macrophylla*）。

识别要点

形态：攀缘灌木，全株密被黄褐色星状柔毛至绒毛。

株高：长3米。

叶：叶纸质或近革质，长圆状倒卵形，顶端急尖或短渐尖，有时有尾尖，基部浅心形。

花：花单朵，与叶对生，紫红色或深红色，大形，花瓣卵圆形或长圆状卵圆形，内轮比外轮略为大些。

果：果长圆柱状，种子卵圆形，扁平。

夹竹桃科 Apocynaceae

17 鸡骨常山

学名： *Alstonia yunnanensis*

科属： 夹竹桃科鸡骨常山属

别名： 四角枫、白虎木、野辣椒

花果期： 花期3 ~ 6月，果期7 ~ 11月

生境及产地： 产于云南、贵州和广西。生于海拔1100 ~ 2400米的山坡或沟谷地带灌木丛中

鉴赏要点及应用： 为我国特有种，株形美观，可用于庭园路边、墙垣边种植观赏；根供药用，可治发热、头痛，外用消肿；叶有毒，有消炎、止血、接骨、止痛之效。

识别要点

形态：直立灌木，多分枝，具乳汁。

株高：高1 ~ 3米。

叶：叶3 ~ 5片轮生，薄纸质，倒卵状披针形或长圆状披针形，顶部渐尖，基部窄楔形，全缘。

花：花紫红色，芳香，多朵组成顶生或近顶生的聚伞花序，花冠高脚碟状。

果：蓇葖2，线形，顶端具尖头。

18 海杧果

学名：*Cerbera manghas*

科属：夹竹桃科海杧果属

别名：黄金茄、牛金茄、牛心荔

花果期：花期3 ~ 10月，果期7月至翌年4月

生境及产地：产于广东、广西和台湾。生于海边或近海边湿润的地方。亚洲和澳大利亚热带地区也有分布

鉴赏要点及应用：树形美观，花朵洁白，芳香，为优良的观花观果树种，适合公园、风景区等绿化，孤植、列植效果均佳；也常用于海边作防潮树种；果皮含海杧果碱等，有较强毒性，人、畜误食能致死；树皮、叶、乳汁入药。

识别要点

形态：乔木，树皮灰褐色，全株具丰富乳汁。

株高：高4 ~ 8米，胸径6 ~ 20厘米。

叶：叶厚纸质，倒卵状长圆形或倒卵状披针形，稀长圆形，顶端钝或短渐尖，基部楔形。

花：花白色，芳香，花萼裂片长圆形或倒卵状长圆形，黄绿色；花冠筒圆筒形，上部膨大，下部缩小，外面黄绿色，喉部染红色，花冠裂片白色，背面左边染淡红色。

果：核果双生或单个，阔卵形或球形，未成熟绿色，成熟时橙黄色；种子通常1颗。

19 云南蕊木

学名：*Kopsia officinalis*
科属：夹竹桃科蕊木属
别名：梅桂、马蒙加锁
花果期：花期4～9月，果期9～12月
生境及产地：产于云南南部。生于海拔500～800米山地疏林中或山地路旁

鉴赏要点及应用：本种花朵洁白，极为素雅，观赏价值较高，可孤植或群植于草坪、庭院一隅、假山石旁欣赏；云南民间有的用其树皮煎水治水肿；果实、叶有消炎止痛，舒筋活络的功效。

识别要点

形态：乔木；树皮灰褐色；幼枝略有微毛，老枝无毛。

株高：2～10米。

叶：叶坚纸质，无毛或在幼叶的面上及叶背脉上有微毛，椭圆状长圆形或椭圆形，先端短渐尖，基部楔形。

花：聚伞花序复总状，伸长二叉，着花约42朵；花萼5深裂，裂片双盖覆瓦状排列；花冠白色，高脚碟状，花冠筒比花萼为长，近端部膨大，花冠裂片向右覆盖，披针形。

果：核果椭圆形，成熟后黑色。

斑叶夹竹桃

20 夹竹桃

学名： *Nerium indicum*

科属： 夹竹桃科夹竹桃属

别名： 柳叶桃、洋桃、洋桃梅

花果期： 花期几乎全年，夏秋为最盛；果期一般在冬春季，较少结果

生境及产地： 野生于伊朗、印度、尼泊尔；现广植于世界热带地区

鉴赏要点及应用： 本种花大、艳丽、花期长，多用于公园、绿地、小区的路边、草坪边缘等处群植，盆栽用于居室、会议室、厅堂等摆放观赏，也可瓶插用于装饰案头；茎皮纤维为优良混纺原料；种子可供制润滑油；叶、树皮、根、花、种子均含有多种配醣体，毒性极强，人、畜误食能致死；叶、茎皮可提制强心剂。常见栽培的品种有斑叶夹竹桃。

识别要点

形态：常绿直立大灌木，枝条灰绿色，嫩枝条具棱。

株高：高达5米。

叶：叶3～4枚轮生，下枝为对生，窄披针形，顶端急尖，基部楔形，叶缘反卷。

花：聚伞花序顶生，着花数朵；花芳香；花萼5深裂，红色，披针形，花冠深红色或粉红色，花冠为漏斗状，其花冠筒圆筒形，上部扩大呈钟形，花冠喉部具5片宽鳞片状副花冠，每片其顶端撕裂，并伸出花冠喉部之外。

果：蓇葖2，离生，平行或并连，长圆形，两端较窄。

21 古城玫瑰树

学名：*Ochrosia elliptica*

科属：夹竹桃科玫瑰树属

别名：红玫瑰木

花果期：花期9月，果熟期第2年夏季

生境及产地：原产于澳大利亚的昆士兰及其南部岛屿，我国南部有栽培

鉴赏要点及应用：果实红艳，持果期长，观赏性极佳，为公园、绿地及庭院绿化的优良树种，适合列植、群植，孤植效果也佳；盆栽可用于居室、庭院等绿化。

识别要点

形态：乔木，有丰富乳汁，无毛。

株高：可达15米。

叶：叶3 ~ 4枚轮生，稀对生，薄纸质，倒卵状长圆形至宽椭圆形，先端钝或短渐尖，基部渐狭成楔形。

花：伞房状聚伞花序生于最高的叶腋内；花萼裂片卵状长圆形，花冠筒细长，裂片线形。

果：核果成熟时红色，渐尖，种子近圆形。

22 红鸡蛋花

学名：*Plumeria rubra*
科属：夹竹桃科
花果期：花期3 ~ 9月，栽培极少结果
生境及产地：原产于南美洲，现广植于亚洲热带和亚热带地区

鉴赏要点及应用：株形古朴，花鲜红，具有较高的观赏价值，我国栽培广泛，为优良的观花树种，适合校园、公园、庭院等孤植、丛植观赏。常见栽培的同属植物及品种有钝叶鸡蛋花（*Plumeria obtusa*）、鸡蛋花（*Plumeria rubra* 'Acutifolia'）。

识别要点

形态：小乔木，枝条粗壮，带肉质，无毛，具丰富乳汁。

株高：高达5米。

叶：叶厚纸质，长圆状倒披针形，顶端急尖，基部狭楔形。

花：聚伞花序顶生，花萼裂片小，阔卵形；花冠深红色，花冠筒圆筒形，花冠裂片狭倒卵圆形或椭圆形。

果：蓇葖双生，广歧，长圆形，顶端急尖，种子长圆形，扁平。

钝叶鸡蛋花

鸡蛋花

23 黄花夹竹桃

学名：*Thevetia peruviana*

科属：夹竹桃科黄花夹竹桃属

别名：黄花状元竹、酒杯花、柳木子

花果期：花期5 ~ 12月，果期8月至翌年春季

生境及产地：原产于美洲热带地区，现世界热带和亚热带地区均有栽培

红酒杯花

鉴赏要点及应用：株形美观，四季常绿，枝叶柔软，花期长，为美丽的观赏植物，适合庭园的园路边、草地中、墙隅处栽培观赏；树液和种子有毒，误食可致命；种子可榨油，供制肥皂、点灯、杀虫和鞣料用油；果仁含有黄花夹竹桃素，入药。栽培的品种有红酒杯花（*Thevetia peruviana* 'Aurantiaca'）

识别要点

形态：乔木，树皮棕褐色，全株具丰富乳汁。

株高：高达5米。

叶：叶互生，近革质，线形或线状披针形，两端长尖，光亮，全缘，边稍背卷。

花：花大，黄色，具香味，顶生聚伞花序；花萼绿色，5裂、裂片三角形；花冠漏斗状，花冠筒喉部具5个被毛的鳞片，花冠裂片向左覆盖，比花冠筒长。

果：核果扁三角状球形。

24 糖胶树

学名：*Alstonia scholaris*

科属：夹竹桃科盆架树属

别名：面条树、盆架子、灯架、面盆架

花果期：花期6 ~ 11月，果期10月至第2年4月

生境及产地：产于广西和云南。生于海拔650米以下的低丘陵山地疏林中、路旁或水沟边。尼泊尔、印度、斯里兰卡、缅甸、泰国、越南、柬埔寨、马来西亚、印度尼西亚、菲律宾和澳大利亚热带地区也有分布

鉴赏要点及应用：本种树体高大，干通直，适合公园、风景区等在路边列植或草地中孤植欣赏；木材纹理通直，结构细致，适于做文具、小家具等用。

识别要点

形态：常绿乔木，枝轮生，具白色乳汁，无毛。

株高：高达20米，直径达0.6米。

叶：叶3 ~ 8片轮生，倒卵状长圆形、倒披针形或匙形，稀椭圆形或长圆形，顶端圆形、钝或微凹，基部楔形。

花：花白色，多朵组成聚伞花序，顶生，花冠高脚碟状。

果：蓇葖2，细长，线形。

冬青科 Aquifoliaceae

25 枸骨

学名： *Ilex cornuta*

科属： 冬青科冬青属

别名： 猫儿刺、老虎刺、老鼠树

花果期： 花期4 ~ 5月，果期10 ~ 12月

生境及产地： 产于江苏、上海、安徽、浙江、江西、湖北、湖南等地。生于海拔150 ~ 1900米的山坡、丘陵及路边、溪旁和村舍附近。朝鲜也有

鉴赏要点及应用： 本种树形美丽，叶片奇特，秋冬果实变红，有较高的观赏性，适合庭园栽培，耐修剪，可进行造型，也可盆栽欣赏；根、枝叶和果入药；种子含油，可作肥皂原料；树皮可作染料和提取栲胶。常见栽培的变种有无刺枸骨（*Ilex cornuta* 'Fortunei'）。

识别要点

形态：常绿灌木或小乔木，二年生枝褐色，三年生枝灰白色。

株 高：高1 ~ 3米（个别低至0.6米）。

叶：叶片厚革质，二型，四角状长圆形或卵形，先端具3枚尖硬刺齿，中央刺齿常反曲，基部圆形或近截形，两侧各具1 ~ 2刺齿，有时全缘。

花：花淡黄色，4基数；雄花花冠辐状，花瓣长圆状卵形；雌花花萼与花瓣像雄花。

果：果球形，成熟时鲜红色。

26 大叶冬青

学名： *Ilex latifolia*

科属： 冬青科冬青属

别名： 宽叶冬青

花果期： 花期4月，果期9 ~ 10月

生境及产地： 产于江苏、安徽、浙江、江西、福建、河南、湖北、广西及云南等地。生于海拔250 ~ 1500米的山坡常绿阔叶林中、灌丛中或竹林中。日本也有

鉴赏要点及应用： 本种四季常青，株型优美，可作庭园绿化树种。木材可作细木原料、树皮可提栲胶，叶和果可入药。

识别要点

形态：常绿大乔木，树皮灰黑色。

株高：高达20米，胸径60厘米。

叶：叶生于1 ~ 3年生枝上，叶片厚革质，长圆形或卵状长圆形，先端钝或短渐尖，基部圆形或阔楔形，边缘具疏锯齿。

花：由聚伞花序组成的假圆锥花序生于二年生枝的叶腋内，花淡黄绿色，4基数。

果：果球形，成熟时红色。

27 铁冬青

学名： *Ilex rotunda*

科属： 冬青科冬青属

别名： 救必应、熊胆木

花果期： 花期4月，果期8 ~ 12月

生境及产地： 产于江苏、安徽、浙江、江西、福建、台湾、湖北、湖南、广东、香港、广西、海南、贵州和云南等地。生于海拔400 ~ 1100米的山坡常绿阔叶林中和林缘。朝鲜、日本和越南也有

鉴赏要点及应用： 本种株形美观，果实艳丽，为著名的观果植物，适于公园、绿地等孤植或列植欣赏；叶和树皮入药，有清热利湿、消炎解毒之功效；树皮可提制染料和栲胶；木材作细工用材。

识别要点

形态：常绿灌木或乔木，树皮灰色至灰黑色。小枝圆柱形，挺直，较老枝具纵裂缝。

株高：高可达20米，胸径达1米。

叶：叶片薄革质或纸质，卵形、倒卵形或椭圆形，先端短渐尖，基部楔形或钝，全缘，稍反卷。

花：聚伞花序或伞形状花序具（稀为2）4 ~ 6 ~ 13花，单生于当年生枝的叶腋内。雄花的花冠辐状，花瓣长圆形，开放时反折；雌花白色，5（稀为7）基数；花萼浅杯状，花冠辐状，花瓣倒卵状长圆形。

果：果近球形或稀椭圆形，成熟时红色。

五加科 Araliaceae

28 幌伞枫

学名：*Heteropanax fragrans*

科属：五加科幌伞枫属

别名：大蛇药、五加通

花果期：花期10 ~ 12月，果期次年2 ~ 3月

生境及产地：分布于云南、广西、广东等地。生于海拔数十米至1000米的森林中。东南亚也有

鉴赏要点及应用：为著名的风景树种，多用于公园、风景区、社区、校园等路边栽培，也可孤植于草地中或一隅欣赏；盆栽用于装饰厅堂或阶前摆放观赏；根皮治烧伤、疖肿、蛇伤及风热感冒。

识别要点

形态：常绿乔木，树皮淡灰棕色，枝无刺。

株高：高5 ~ 30米，胸径达70厘米。

叶：叶大，三至五回羽状复叶，小叶片在羽片轴上对生，纸质，椭圆形，先端短尖，基部楔形，两面均无毛，边缘全缘。

花：圆锥花序顶生，主轴及分枝密生锈色星状绒毛，后毛脱落，有花多数；花淡黄白色，芳香，花瓣5，卵形。

29 刺楸

学名：*Kalopanax septemlobus*

科属：五加科刺楸属

别名：鼓钉刺、刺枫树、棘楸

花果期：花期7 ~ 10月，果期9 ~ 12月

生境及产地：分布广，北自东北起，南至广东、广西、云南，西自四川西部，东至海滨的广大区域内均有分布。朝鲜、俄罗斯和日本也有分布

鉴赏要点及应用：叶大，树干通直，在园林中适合路边、建筑物旁栽培，孤植、列植均可；木材纹理美观，供建筑、家具、雕刻等用；根皮为民间草药，有清热祛痰之效；嫩叶可食；树皮及叶含鞣酸，可提制栲胶；种子可榨油，供工业用。

识别要点

形态：落叶乔木，树皮暗灰棕色，小枝淡黄棕色或灰棕色，散生粗刺。

株高：高约10米，最高可达30米，胸径达70厘米以上。

叶：叶片纸质，在长枝上互生，在短枝上簇生，圆形或近圆形，掌状5 ~ 7浅裂，裂片阔三角状卵形至长圆状卵形。

花：圆锥花序大，有花多数；花白色或淡绿黄色，花瓣5。

果：果实球形，蓝黑色。

30 澳洲鸭脚木

学名：*Schefflera actinophylla*

科属：五加科鸭脚木属

别名：辐叶鹅掌柴

花果期：春季开花，花期可达数月

生境及产地：产于澳大利亚、新几内亚及爪哇等地。生于热带雨林中

鉴赏要点及应用：叶大奇特，花序硕大，犹如焰火一般，为优良的绿化树种，园林中可用于庭园的草坪中、大门两侧或一隅栽培观赏，盆栽可用于厅堂绿化；木材轻软，是制火柴的上等原料。

识别要点

形态：常绿乔木，树干光滑。

株高：株高可达15米。

叶：互生，掌状复叶，小叶5 ~ 16片，长椭圆形，先端钝。

花：伞形花序，红褐色，高可达2米左右，花小，每个花序着花1000朵。

果：浆果，圆球形，熟时紫红色。

31 鹅掌藤

学名： *Schefflera arboricola*

科属： 五加科鸭脚木属

别名： 七加皮

花果期： 花期7月，果期8月

生境及产地： 产于台湾、广西及海南。生于谷地密林下或溪边较湿润处，常附生于树上

鉴赏要点及应用： 叶形美观，终年常绿，多用于花坛、园路边绿化，盆栽可用于居家或庭院绿化；常见栽培的品种有花叶鹅掌藤（*Schefflera arboricola* 'Variegata'）

识别要点

形态：藤状灌木，小枝有不规则纵皱纹，无毛。

株高：高2 ~ 3米。

叶：小叶片革质，倒卵状长圆形或长圆形，先端急尖或钝形，稀短渐尖，基部渐狭或钝形，上面深绿色，有光泽，下面灰绿色，两面均无毛，边缘全缘。

花：伞形花序十几个至几十个总状排列在分枝上，有花3 ~ 10朵；花白色，花瓣5 ~ 6。

果：果实卵形，有5棱。

花叶鹅掌藤

小檗科 Berberidaceae

32 日本小檗

学名：*Berberis thunbergii*
科属：小檗科小檗属
花果期：花期4 ~ 6月，果期7 ~ 10月
生境及产地：原产于日本，我国大部分省区有栽培

金叶小檗

鉴赏要点及应用：本种抗性强，易栽培，耐修剪，适合公园、绿地等群植或片植，为我国北方重要的绿篱材料；根和茎含小檗碱，可作提取黄连素的原料；茎皮去外皮后，可作黄色染料。常见栽培的变种及品种有紫叶小檗（*Berberis thunbergii* var. *atropurpurea*）、金叶小檗（*Berberis thunbergii*‘Aurea’）

识别要点

形态：落叶灌木，枝条开展，具细条棱，幼枝淡红带绿色，老枝暗红色。

株高：高约1米，多分枝。

叶：叶薄纸质，倒卵形、匙形或菱状卵形，先端骤尖或钝圆，基部狭而呈楔形，全缘。

花：花2 ~ 5朵组成具总梗的伞形花序，或近簇生的伞形花序，或无总梗而呈簇生状；花黄色，外萼片带红色，内萼片阔椭圆形，先端钝圆；花瓣长圆状倒卵形。

果：浆果椭圆形，亮鲜红色。

紫叶小檗

33 十大功劳

学名： *Mahonia fortunei*

科属： 小檗科十大功劳属

别名： 细叶十大功劳、猫儿刺

花果期： 花期7～9月，果期9～11月

生境及产地： 产于广西、四川、贵州、湖北、江西、浙江。生于海拔350～2000米山坡沟谷林中、灌丛中、路边或河边

鉴赏要点及应用： 习性强健，易栽培，多用于公园、绿地的路边、墙垣边作绿篱植物；全株可供药用，有清热解毒、滋阴强壮之功效。常见栽培的同属植物有阔叶十大功劳（*Mahonia bealei*）

阔叶十大功劳

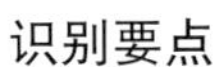

识别要点

形态：灌木。

株高：高0.5～2（稀为4）米。

叶：叶倒卵形至倒卵状披针形，具2～5对小叶，小叶无柄或近无柄，狭披针形至狭椭圆形，基部楔形，边缘每边具5～10刺齿，先端急尖或渐尖。

花：总状花序4～10个簇生，花黄色，花瓣长圆形。

果：浆果球形，紫黑色，被白粉。

34 南天竹

学名：*Nandina domestica*

科属：小檗科南天竹属

别名：蓝田竹

花果期：花期3～6月，果期5～11月

生境及产地：产于福建、浙江、山东、江苏、江西、安徽、湖南、湖北、广西、广东、四川、云南、贵州、陕西、河南。生于海拔1200米以下的山地林下、沟旁、路边或灌丛中。日本也有

鉴赏要点及应用：枝叶秀丽，入秋后枝叶转红，果实累累，为观果、观叶的优良材料，多用于墙垣边、假山石边或园路边种植观赏，盆栽可用于办公室、厅廊等装饰；根、叶入药，具有强筋活络、消炎解毒之效。栽培的品种有火焰南天竹（*Nandina domestica*‘Firepower’）。

识别要点

形态：常绿小灌木。茎常丛生而少分枝，幼枝常为红色。

株高：高1～3米。

叶：叶互生，集生于茎的上部，三回羽状复叶；2～3回羽片对生；小叶薄革质，椭圆形或椭圆状披针形，顶端渐尖，基部楔形，全缘。

花：圆锥花序直立，花小，白色，具芳香，花瓣长圆形。

果：浆果球形，熟时鲜红色，稀橙红色。种子扁圆形。

火焰南天竺

桦木科 Betulaceae

35 白桦

学名： *Betula platyphylla*

科属： 桦木科桦木属

别名： 桦皮树

花果期： 花期4 ~ 5月，果期6 ~ 9月

生境及产地： 产于东北、华北、河南、陕西、宁夏、甘肃、青海、四川、云南、西藏。生于海拔400 ~ 4100米的山坡或林中。俄罗斯、蒙古、朝鲜、日本也有

鉴赏要点及应用： 本种习性强健，易栽培，树皮洁白，观赏性佳，为庭园优秀观干植物，适合庭园群植或列植。木材可供一般建筑及制作器、具之用，树皮可提桦油。

识别要点

形态：乔木，树皮灰白色，成层剥裂。

株高：高可达27米。

叶：叶厚纸质，三角状卵形，菱形，阔卵形，顶端锐尖、渐尖至尾状渐尖，基部截形，宽楔形或楔形，有时微心形或近圆形，边缘具重锯齿。

花：雄花序常成对顶生。

果：果序单生，圆柱形或矩圆状圆柱形，通常下垂。

36 兰邯千金榆

学名： *Carpinus rankanensis*

科属： 桦木科鹅耳枥属

别名： 兰邯鹅耳枥

花果期： 花期5月，果期7 ~ 8月

生境及产地： 产于我国台湾。生于海拔1000 ~ 2000米的混交林中

鉴赏要点及应用： 本种果序美观，叶片青翠，有较高的观赏性，适合庭园草地、路边或庭前孤植欣赏。

识别要点

形态：乔木。

株高：6 ~ 8米。

叶：叶厚纸质，矩圆形、卵状矩圆形、椭圆形，顶端渐尖至尾状渐尖，基部心形，边缘具不规则的刺毛状重锯齿。

花：花单性，雌雄同株。

果：小坚果。

37 千金榆

学名： *Carpinus cordata*

科属： 桦木科鹅耳枥属

花果期： 花期5月，果期7 ~ 8月

生境及产地： 产于东北、华北、河南、陕西、甘肃。生于海拔500 ~ 2500米的阴坡或山谷杂木林中。朝鲜、日本也有

鉴赏要点及应用： 本种树形端正，果序大，悬垂于枝间，极美观，适合公园、绿地等孤植或群植欣赏。

识别要点

形态：乔木，树皮灰色。

株高：高约15米。

叶：叶厚纸质，卵形或矩圆状卵形，较少倒卵形，顶端渐尖，具刺尖，基部斜心形，边缘具不规则的刺毛状重锯齿。

花：花单性，雌雄同株。

果：小坚果。

紫葳科 Bignoniaceae

38 楸树

学名： *Catalpa bungei*

科属： 紫葳科梓属

别名： 楸

花果期： 花期5 ~ 6月，果期6 ~ 10月

生境及产地： 产于河北、河南、山东、山西、陕西、甘肃、江苏、浙江、湖南。在广西、贵州、云南也有栽培

鉴赏要点及应用： 木种生长迅速，树干通直，花大美丽，可栽培于公园、绿地作观赏树，也可作行道树；花可炒食，叶可喂猪，茎皮、叶、种子入药；木材坚硬，为良好的建筑用材。

识别要点

形态：小乔木。

株高：高8 ~ 12米。

叶：叶三角状卵形或卵状长圆形，顶端长渐尖，基部截形，阔楔形或心形，有时基部具有1 ~ 2牙齿。

花：顶生伞房状总状花序，花冠淡红色，内面具有2黄色条纹及暗紫色斑点。

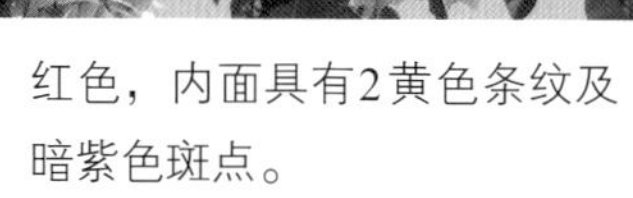

果：蒴果线形。

39 灰楸

学名：*Catalpa fargesii*

科属：紫葳科梓属

别名：川楸

花果期：花期3 ~ 5月，果期6 ~ 11月

生境及产地：产于陕西、甘肃、河北、山东、河南、湖北、湖南、广东、广西、四川、贵州、云南。生于海拔700 ~ 2500米村庄边、山谷中

鉴赏要点及应用：花大美丽，为早春观花树种，树体高大，可用作庭园观赏树、行道树；木材细致，为优良的建筑、家具用材；嫩叶、花供蔬食；果入药。

识别要点

形态：乔木，幼枝、花序、叶柄均有分枝毛。

株高：高达25米。

叶：叶厚纸质，卵形或三角状心形，顶端渐尖，基部截形或微心形。

花：顶生伞房状总状花序，花冠淡红色至淡紫色，内面具紫色斑点，钟状。

果：蒴果细圆柱形，下垂。

40 梓树

学名：*Catalpa ovata*

科属：紫葳科梓属

别名：梓、河楸、臭梧桐

花果期：花期春季，果期秋季

生境及产地：产于长江流域及以北地区。多栽培于村庄附近及公路两旁。日本也有

鉴赏要点及应用：冠形开展，株形美观，花果均有较高的观赏价值，可用作行道树及庭荫树种；木材可做家具；嫩叶可食；叶或树皮可作农药。

识别要点

形态：乔木，树冠伞形，主干通直。

株高：高达15米。

叶：叶对生或近于对生，有时轮生，阔卵形，长宽近相等，顶端渐尖，基部心形，全缘或浅波状，常3浅裂。

花：顶生圆锥花序，花序梗微被疏毛，花萼蕾时圆球形，2唇开裂，花冠钟状，淡黄色，内面具2黄色条纹及紫色斑点。

果：蒴果线形，下垂，种子长椭圆形。

炮弹树

41 叉叶木

学名：*Crescentia alata*

科属：紫葳科葫芦树属

别名：十字架树、三叉木

花果期：花期春季，果期秋季

生境及产地：原产墨西哥和哥斯达黎加

鉴赏要点及应用：本种老茎开花，老茎结果，极为奇特，有极高的观赏价值，适合公园、校园、绿地栽培观赏，也是科普教育的良好材料。栽培的同属植物有炮弹树（*Crescentia cujete*）。

识别要点

形态：灌木至小乔木。

株高：高3～6米。

叶：叶簇生于小枝上；小叶3枚，长倒披针形至倒匙形，几无柄，侧生小叶2枚。

花：花1～2朵生于小枝或老茎上，花萼淡紫色，花冠褐色，具有紫褐色脉纹，近钟状，具褶皱，喉部常膨胀成淡囊状。

果：果近球形，光滑。

42 猫尾木

学名：*Dolichandrone caudafelina*

科属：紫葳科猫尾木属

别名：猫尾

花果期：花期10 ~ 11月，果期4 ~ 6月

生境及产地：产于广东、海南、广西、云南。生于海拔200 ~ 300米疏林边、阳坡上。泰国、老挝、越南也有

鉴赏要点及应用：本种株形美观，花、果奇特，观赏性极高，可作为庭园观赏的绿化树种，适合路边、草坪中或建筑旁列植或孤植；木材纹理通直，结构细致，适于做梁、柱、门、窗、家具等用材。

识别要点

形态：乔木。

株高：高达10米以上。

叶：叶近于对生，奇数羽状复叶，幼嫩时叶轴及小叶两面密被平伏细柔毛，老时近无毛；小叶6 ~ 7对，无柄，长椭圆形或卵形，顶端长渐尖，基部阔楔形至近圆形，有时偏斜，全缘，纸质。

花：花大，组成顶生、具数花的总状花序。花冠黄色，花冠漏斗形，下部紫色，无毛，花冠外面具多数微凸起的纵肋，花冠裂片椭圆形。

果：种子长椭圆形，极薄，具膜质翅。

43 蓝花楹

学名：*Jacaranda mimosifolia*

科属：紫葳科蓝花楹属

别名：巴西紫葳、蓝雾树

花果期：花期5 ~ 6月，果熟期11月

生境及产地：原产于南美洲巴西、玻利维亚、阿根廷等地。我国广东、海南、广西、福建、云南有栽培

鉴赏要点及应用：冠形大，树姿优美，宁静的蓝色花朵有着梦幻般的色彩，深受群众喜爱，适合孤植于草地或建筑物一隅，营造一个舒适的休憩场所，也可用作行道树，可取得良好的景观效果；木材纹理通直，加工容易，可作家具用材。

识别要点

形态：落叶乔木。

株高：高达15米，最高可达20米。

叶：叶对生，为2回羽状复叶，羽片通常在16对以上，每1羽片有小叶16 ~ 24对；小叶椭圆状披针形至椭圆状菱形，顶端急尖，基部楔形，全缘。

花：花蓝色，花冠筒细长，蓝色，下部微弯，上部膨大，花冠裂片圆形。

果：蒴果木质，扁卵圆形。

44 吊瓜树

学名：*Kigelia africana*

科属：紫葳科吊灯树属

别名：吊瓜树

花果期：主要花期春季，果期秋季

生境及产地：原产于热带非洲、马达加斯加。我国广东、海南、福建、台湾、云南有栽培

鉴赏要点及应用：冠形大，庇荫效果良好，花大，果实奇特，具有较高的观赏性，可用于水岸边、草地中或植于道路两侧观赏；树皮入药可治皮肤病。

识别要点

形态：乔木。

株高：高13 ~ 20米，枝下高约2米，胸径约1米。

叶：奇数羽状复叶交互对生或轮生，小叶

7 ~ 9枚，长圆形或倒卵形，顶端急尖，基部楔形，全缘，叶面光滑，近革质，羽状脉明显。

花：圆锥花序生于小枝顶端，花序轴下垂，花稀疏，6 ~ 10朵。花萼钟状，革质，花冠橘黄色或褐红色，裂片卵圆形，上唇2片较小，下唇3片较大，开展。

果：果下垂，圆柱形，坚硬，肥硕，不开裂。

45 火烧花

学名： *Mayodendron igneum*

科属： 紫葳科火烧花属

花果期： 花期2 ~ 5月，果期5 ~ 9月

生境及产地： 产于台湾、广东、广西、云南南部。常生于海拔150 ~ 1900米干热河谷、低山丛林中。越南、老挝、缅甸、印度也有

鉴赏要点及应用： 本种开花繁茂，常着生于老干及侧枝上，极为热烈，可用于公园、绿地、庭院等栽培，孤植、列植均可；花可作蔬食。

识别要点

形态：常绿乔木，树皮光滑，嫩枝具长椭圆形白色皮孔。

株高：高可达15米，胸径15 ~ 20厘米。

叶：大型奇数2回羽状复叶，小叶卵形至卵状披针形，顶端长渐尖，基部阔楔形，偏斜，全缘。

花：花序有花5 ~ 13朵，组成短总状花序，着生于老茎或侧枝上，花冠橙黄色至金黄色，筒状，基部微收缩，檐部裂片5。

果：蒴果长线形，下垂，种子卵圆形。

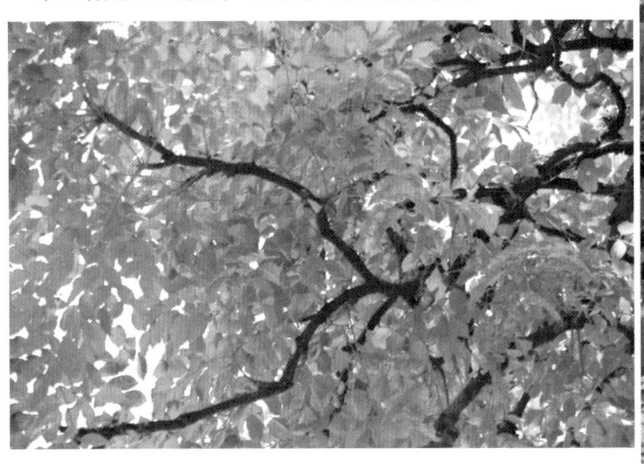

46 菜豆树

学名：*Radermachera sinica*
科属：紫葳科菜豆树属
别名：山菜豆、豇豆树、牛尾豆
花果期：花期5～9月，果期10～12月
生境及产地：产于台湾、广东、广西、贵州、云南。生于海拔340～750米山谷或平地疏林中。不丹也有

鉴赏要点及应用：本种树干通直，叶、花均有较高的观赏价值，适合公园、绿地、社区等作行道树及庭荫树种，盆栽可用于厅堂或阶前等绿化；根、叶、果入药，可凉血消肿；木材质略粗重，可供建筑用。

识别要点

形态：小乔木。
株高：高达10米。
叶：2回羽状复叶，稀为3回羽状复叶，小叶卵形至卵状披针形，顶端尾状渐尖，基部阔楔形，全缘。
花：顶生圆锥花序，直立，花冠钟状漏斗形，白色至淡黄色。
果：蒴果细长，下垂，圆柱形，稍弯曲，多沟纹，种子椭圆形。

47 火焰树

学名：*Spathodea campanulata*

科属：紫葳科火焰树属

别名：火焰木、喷泉树

花果期：花期4 ~ 5月，其他季节也可见花，果期秋季

生境及产地：原产于非洲，我国广东、福建、台湾、云南有栽培

鉴赏要点及应用：为著名的风景树种，花大，盛开时节犹如火焰一般，极为美丽，适合庭园植于向阳处，孤植、列植效果均佳。

识别要点

形态：乔木，树皮平滑，灰褐色。

株高：高10米。

叶：奇数羽状复叶，对生，叶片椭圆形至倒卵形，顶端渐尖，基部圆形，全缘。

花：伞房状总状花序，顶生，密集，花冠一侧膨大，基部紧缩成细筒状，檐部近钟状，橘红色，具紫红色斑点。

果：蒴果黑褐色，种子具周翅，近圆形。

48 黄花风铃木

学名：*Handroanthus chrysanthus*

科属：紫葳科风铃木属

别名：黄钟木、毛风铃木、黄金风铃木

花果期：花期3 ~ 4月，果期夏季

生境及产地：原产于墨西哥、中美洲、南美洲，是巴西的国花

鉴赏要点及应用：开花时节，黄花满目，极为壮观，可于公园、绿地、庭院、校园等的建筑旁、草地边缘、水岸边种植，如用高大的树木作背景列植于道路两边，也可取得极佳的观赏效果。

识别要点

形态：落叶乔木。

株高：株高4 ~ 6米。

叶：掌状复叶对生，小叶4 ~ 5枚，卵状椭圆形，先端尖，叶片被褐色茸毛。

花：花冠漏斗形、5裂，金黄色。

49 黄钟花

学名：*Tecoma stans*
科属：紫葳科黄钟花属
别名：金钟花
花果期：花果期几全年
生境及产地：产于热带美洲

鉴赏要点及应用：本种花期长，一年可多次开花，且开花繁茂，为著名的观花树种，适合孤植或丛植于路边、假山石边、建筑物旁，也可盆栽用于室内绿化。

识别要点

形态：常绿大型灌木或小乔木，分枝多。

株高：株高1～2米，高可达5米或更高。

叶：奇数羽状复叶，小叶7～11枚，卵状长椭圆形至披针形，先端渐尖，基部钝或楔形，具锯齿。

花：花黄色，呈顶生的总状或圆锥花序，花冠漏斗状。

果：蒴果，长圆柱形。

红木科 Bixaceae

50 红木

学名： *Bixa orellana*

科属： 红木科红木属

花果期： 花期6 ~ 10月，果期秋冬

生境及产地： 云南、广东、台湾等地有栽培

鉴赏要点及应用： 红木抗性强，易栽培，花繁茂，果红艳，有较高的观赏性，可用于公园、小区、庭院的园路边、水岸边等种植观赏；种子外皮可做红色染料，供染果点和纺织物用；树皮可作绳索；种子供药用，为收敛退热剂。

识别要点

形态：常绿灌木或小乔木，枝棕褐色，密被红棕色短腺毛。

株高：高2 ~ 10米。

叶：叶心状卵形或三角状卵形，先端渐尖，基部圆形或几截形，有时略呈心形，边缘全缘，基出脉5条，掌状。

花：圆锥花序顶生，密被红棕色的鳞片和腺毛，花较大，花瓣5，倒卵形，粉红色。

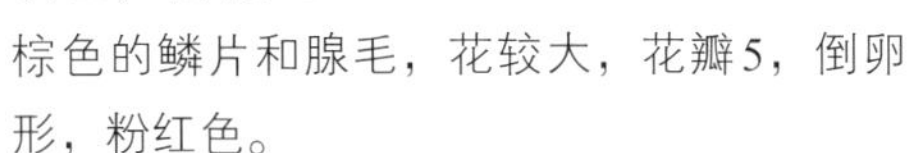

果：蒴果近球形或卵形，种子多数，倒卵形，暗红色。

木棉科 Bombacaceae

51 猴面包树

学名：*Adansonia digitata*

科属：木棉科猴面包树属

别名：猢狲木

花果期：花期5 ~ 8月

生境及产地：原产于非洲热带。我国广东、云南的热带地区少量栽培

鉴赏要点及应用：目前在我国栽培较少，仅见于广东、云南等地植物园，适合孤植或列植于路边欣赏；未成熟果皮可食。

识别要点

形态：落叶乔木，主干短，分枝多。

株高：株高可达30米或更高。

叶：叶集生于枝顶，小叶通常5，长圆状倒卵形，急尖，上面暗绿色发亮，无毛或背面被稀疏的星状柔毛。

花：花生于近枝顶叶腋，花瓣外翻，宽倒卵形，白色。

果：果长椭圆形，下垂。

52 木棉

学名： *Bombax ceiba*

科属： 木棉科木棉属

别名： 红棉、英雄树、斑芝树、攀枝花

花果期： 花期3～4月，果夏季成熟

生境及产地： 产于云南、四川、贵州、广西、江西、广东、福建、台湾等地。生于海拔1400（个别为1700）米以下的干热河谷及稀树草原，也可生长在沟谷季雨林内。印度、斯里兰卡、中南半岛、马来西亚、印度尼西亚至菲律宾及澳大利亚北部也有

鉴赏要点及应用： 树形端庄，枝干挺拔，开花繁茂，为著名的风景树种，适合公园、庭院、风景区等栽培观赏，列植、孤植、群植均可；花可供蔬食，入药清热除湿；果内绵毛可作枕、褥填充材料，种子油可做润滑油、制肥皂；木材可用于蒸笼、箱板、造纸等。

识别要点

形态：落叶大乔木，树皮灰白色，幼树的树干通常有圆锥状的粗刺。

株高：高可达25米。

叶：掌状复叶，小叶5～7片，长圆形至长圆状披针形，顶端渐尖，基部阔或渐狭，全缘，两面均无毛。

花：花单生枝顶叶腋，通常红色，有时橙红色；萼杯状，花瓣肉质，倒卵状长圆形。

果：种子多数，倒卵形，光滑。

53 美丽异木棉

学名：*Ceiba speciosa*
科属：木棉科吉贝属
别名：美人树
花果期：花期初冬，种子次年春季成熟
生境及产地：原产于南美

鉴赏要点及应用：本种树干通直，冠形佳，开花繁盛，为优良的观花乔木，花开时节，满树缤纷，适用于庭园作行道树或庭荫树。

识别要点

形态：落叶大乔木，成株树干下部膨大，幼树密生圆锥状皮刺。

株高：高可达15米或更高。

叶：掌状复叶有小叶5 ~ 9片；小叶椭圆形，长12 ~ 14厘米。

花：花单生，花冠淡紫红色，中心白色；花瓣5，反卷。

果：蒴果椭圆形。

54 水瓜栗

学名：*Pachira aquatica*

科属：木棉科瓜栗属

花果期：花期6月，果期秋季

生境及产地：原产于南美东北部的巴西、圭亚那、委内瑞拉等地的热带雨林地区，我国南方地区引种栽培

鉴赏要点及应用：水瓜栗株形高大，庇荫性佳，适合用作行道树或孤植于草地边缘观赏，也可用于庭园绿化。

识别要点

形态：乔木，有散生皮孔和不规整的纵裂纹，茎基部有发达的板状根。

株高：茎高15米以上。

叶：掌状复叶，小叶多为8枚，全缘，长倒卵形、倒卵状长椭圆形。

花：花瓣外面淡黄，里面乳白，盛开时反卷，雄蕊多数。

果：果近长圆形。

55 瓜栗

学名：*Pachira glabra*

科属：木棉科瓜栗属

别名：马拉巴栗、发财树

花果期：花期5 ～ 11月，果先后成熟，种子落地后自然萌发

生境及产地：产于墨西哥和哥斯达黎加

鉴赏要点及应用：叶形美观，花色淡雅，为著名的观叶植物，多盆栽用于卧室、厅堂、办公室等处摆放观赏，也可用于路边、草地中列植或孤植观赏；果皮未熟时可食，种子可炒食。

识别要点

形态：小乔木，树冠较松散。

株高：高4 ～ 5米。

叶：小叶5 ～ 11，具短柄或近无柄，长圆形至倒卵状长圆形，渐尖，基部楔形，全缘。

花：花单生枝顶叶腋，萼杯状，近革质，花瓣淡黄绿色，狭披针形至线形，上半部反卷。

果：蒴果近梨形，果皮厚，木质，种子大，不规则的梯状楔形。

紫草科 Boraginaceae

56 福建茶

学名：*Carmona microphylla*

科属：紫草科基及树属

别名：基及树

花果期：花果期11月至翌年4月

生境及产地：产于广东、海南及台湾。生低海拔平原、丘陵及空旷灌丛处

鉴赏要点及应用：叶色光亮，盆栽或制作盆景用于客厅、卧室或窗台、阳台美化；园林中常用植于路边、墙垣边作绿篱。

识别要点

形态：灌木，具褐色树皮，多分枝。

株高：高1～3米。

叶：叶革质，倒卵形或匙形，先端圆形或截形、具粗圆齿，基部渐狭为短柄。

花：团伞花序开展，花冠钟状，白色，或稍带红色。

果：核果，内果皮圆球形，具网纹。

黄杨科

57 黄杨

学名：*Buxus sinica*

科属：黄杨科黄杨属

别名：黄杨木、瓜子黄杨、锦熟黄杨

花果期：花期3月，果期5 ~ 6月

生境及产地：产于陕西、甘肃、湖北、四川、贵州、广西、广东、江西、浙江、安徽、江苏、山东，有部分属于栽培。多生于海拔1200 ~ 2600米山谷、溪边、林下

鉴赏要点及应用：习性强健，耐修剪，我国广泛栽培，园林中常用作绿篱或修剪造型观赏；盆栽适合客厅、书房或阶旁绿化。常见栽培的同属植物有雀舌黄杨（*Buxus bodinieri*）。

识别要点

形态：灌木或小乔木，枝圆柱形，有纵棱，灰白色。

株高：高1 ~ 6米。

叶：叶革质，阔椭圆形、阔倒卵形、卵状椭圆形或长圆形，先端圆或钝，常有小凹口，不尖锐，基部圆或急尖或楔形。

花：花序腋生，头状，花密集，雄花约10朵，无花梗，外萼片卵状椭圆形，内萼片近圆形，雌花子房较花柱稍长。

果：蒴果近球形。

雀舌黄杨

58 顶花板凳果

学名：*Pachysandra terminalis*

科属：黄杨科板凳果属

别名：顶蕊三角咪

花果期：花期4 ~ 5月，果期秋季

生境及产地：产于甘肃、陕西、四川、湖北、浙江等地。生于海拔1000 ~ 2600米山区林下阴湿地。日本也有。

鉴赏要点及应用：本种株形低矮，叶片光亮，为优良地被植物，适合公园、绿地园路边、山石边绿化，或用作镶边植物。

识别要点

形态：亚灌木，茎稍粗壮。

株高：约30厘米。

叶：叶薄革质，有4 ~ 6叶接近着生，似簇生状。叶片菱状倒卵形，上部边缘有齿牙，基部楔形。

花：花序顶生，花白色。

果：果卵形。

蜡梅科 Calycanthaceae

59 蜡梅

学名：*Chimonanthus praecox*

科属：蜡梅科蜡梅属

别名：腊梅

花果期：花期11月至翌年3月，果期4～11月

生境及产地：野生于山东、江苏、安徽、浙江、福建、江西、湖南、湖北、河南、陕西、四川、贵州、云南等地。生于山地林中

鉴赏要点及应用：花色素雅，具芳香，为我国常见的园林绿化树种，适合丛植于公园、绿地或庭院的路边或一隅观赏，盆栽于阳台或门厅两侧摆放；根、叶可入药；花解暑生津，可提取蜡梅浸膏。

识别要点

形态：落叶灌木，幼枝四方形，老枝近圆柱形，灰褐色。

株高：高达4米。

叶：叶纸质至近革质，卵圆形、椭圆形、宽椭圆形至卵状椭圆形，有时长圆状披针形，顶端急尖至渐尖，有时具尾尖，基部急尖至圆形。

花：花着生于第二年生枝条叶腋内，先花后叶，芳香，花被片圆形、长圆形、倒卵形、椭圆形或匙形。

果：果托近木质化，坛状或倒卵状椭圆形。

山柑科 Capparaceae

60 鱼木

学名：*Crateva formosensis*

科属：山柑科鱼木属

别名：树头菜

花果期：花期6～7月，果期10～11月

生境及产地：产于台湾、广东北部、广西东北部、重庆。生于海拔400米以下的沟谷或平地、低山水旁或石山密林中。日本南部也有

鉴赏要点及应用：树干通直，株形美观，为著名的观赏树种，可用作行道树，也可孤植于水岸边、一隅或庭园中观赏。

识别要点

形态：灌木或乔木。

株高：高2～20米。

叶：小叶干质地薄而坚实，侧生小叶基部两侧很不对称，花枝上的小叶顶端渐尖至长渐尖，有急尖的尖头，营养枝上的小叶略大。

花：花序顶生，有花10～15朵。

果：果球形至椭圆形，红色。

61 糯米条

学名： *Abelia chinensis*

科属： 忍冬科糯米条属

花果期： 花期7 ~ 9月，果期9 ~ 11月

生境及产地： 我国长江以南各省区广泛分布。海拔170 ~ 1500米的山地常见

鉴赏要点及应用： 本种花多而密集，花期长，果期宿存的萼裂片变红色，耐寒性好，适合庭园丛植观赏。

识别要点

形态：落叶多分枝灌木，嫩枝纤细。

株高：高达2米。

叶：叶有时三枚轮生，圆卵形至椭圆状卵形，顶端急尖或长渐尖，基部圆或心形，边缘有稀疏圆锯齿。

花：聚伞花序生于小枝上部叶腋，花芳香，

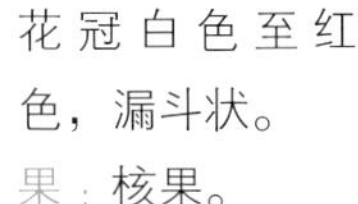

花冠白色至红色，漏斗状。

果：核果。

62 金银忍冬

学名：*Lonicera maackii*
科属：忍冬科忍冬属
别名：金银木、王八骨头
花果期：花期5～6月，果熟期8～10月
生境及产地：产于黑龙江、吉林、辽宁、河北、山西、陕西、甘肃、山东、江苏、安徽、浙江北部、河南、湖北、湖南、四川、贵州、云南及西藏。生于海拔达1800米林中或林缘溪流附近的灌木丛中。朝鲜、日本和俄罗斯远东也有

红花金银忍冬

鉴赏要点及应用：本种花小，开花繁茂，常用于公园、绿地、庭院及风景区等丛植于路边或一隅绿化；茎皮可制人造棉；花可提取芳香油；种子榨成的油可制肥皂。常见栽培的变种有红花金银忍冬（*Lonicera maackii* var. *erubescens*）。

识别要点

形态：落叶灌木，茎干直径达10厘米。

株高：高达6米。

叶：叶纸质，形状变化较大，通常卵状椭圆形至卵状披针形，稀矩圆状披针形或倒卵状矩圆形，更少菱状矩圆形或圆卵形，顶端渐尖或长渐尖，基部宽楔形至圆形。

花：花芳香，生于幼枝叶腋，花冠先白色后变黄色，外被短伏毛或无毛，唇形。

果：果实暗红色，圆形。

63 接骨木

学名： *Sambucus williamsii*

科属： 忍冬科接骨木属

别名： 九节风

花果期： 花期一般4 ~ 5月，果熟期9 ~ 10月

生境及产地： 产于黑龙江、吉林、辽宁、河北、山西、陕西、甘肃、山东、江苏、安徽、浙江、福建、河南、湖北、湖南、广东、广西、四川、贵州及云南等地。生于海拔540 ~ 1600米的山坡、灌丛、沟边、路旁、宅边等地

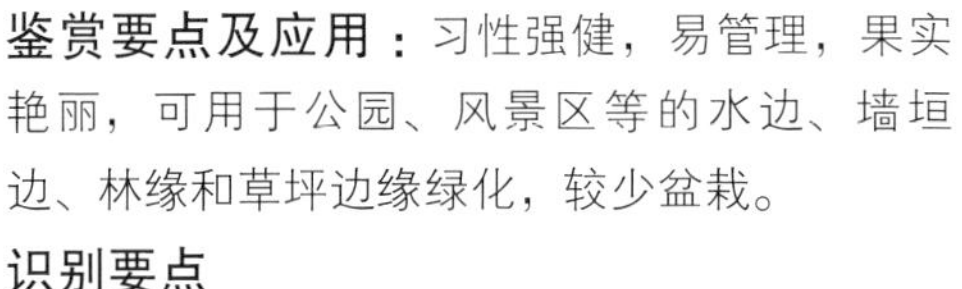

鉴赏要点及应用： 习性强健，易管理，果实艳丽，可用于公园、风景区等的水边、墙垣边、林缘和草坪边缘绿化，较少盆栽。

识别要点

形态：落叶灌木或小乔木，老枝淡红褐色。

株高：高5 ~ 6米。

叶：羽状复叶有小叶2 ~ 3对，有时仅1对或多达5对，侧生小叶片卵圆形、狭椭圆形至倒矩圆状披针形，顶端尖、渐尖至尾尖，边缘具不整齐锯齿，基部楔形或圆形，有时心形，两侧不对称，顶生小叶卵形或倒卵形，顶端渐尖或尾尖，基部楔形。

花：花与叶同出，圆锥形聚伞花序顶生，花小而密，花冠蕾时带粉红色，开后白色或淡黄色，筒短，裂片矩圆形或长卵圆形。

果：果实红色，极少蓝紫黑色，卵圆形或近圆形。

64 香荚蒾

学名：*Viburnum farreri*

科属：忍冬科荚蒾属

别名：野绣球、香探春

花果期：花期4 ~ 5月，果期秋季

生境及产地：产于甘肃、青海及新疆。生于海拔1650 ~ 2750米的山谷林中

鉴赏要点及应用：花序美丽，果实艳丽，为我国北方著名的观花植物，适合公园、绿地配植于亭廊、堂前或假山岩石及草坪边缘。常见栽培的同属植物有红蕾荚蒾（*Viburnum carlesii*）。

识别要点

形态：落叶灌木，当年小枝绿色，二年生小枝红褐色，后变灰褐色或灰白色。

株高：高达5米。

叶：叶纸质，椭圆形或菱状倒卵形，顶端锐尖，基部楔形至宽楔形，边缘基部除外具三角形锯齿。

花：圆锥花序生于能生幼叶的短枝之顶，有多数花，花先叶开放，芳香；花冠蕾时粉红色，开后变白色，高脚碟状。

果：果实紫红色，矩圆形。

红蕾荚蒾

65 珊瑚树

学名：*Viburnum odoratissimum*

科属：忍冬科荚蒾属

别名：极香荚蒾、早禾树

花果期：花期4 ~ 5月（有时不定期开花），果熟期7 ~ 9月

生境及产地：产于福建、湖南、广东、海南和广西。生于海拔200 ~ 1300米山谷密林中溪涧旁庇荫处、疏林中向阳地或平地灌丛中。印度、缅甸、泰国和越南也有

鉴赏要点及应用：花芳香，入秋后果实变红，极为艳丽，为著名的观果植物，适合路边、墙边等栽培观赏，也可整修成绿篱、花墙欣赏；木材可作细木工的原料；根和叶入药。

识别要点

形态：常绿灌木或小乔木，枝灰色或灰褐色，有凸起的小瘤状皮孔。

株高：高达10（稀为15）米。

叶：叶革质，椭圆形至矩圆形或矩圆状倒卵形至倒卵形，有时近圆形，顶端短尖至渐尖而钝头，有时钝形至近圆形，基部宽楔形，稀圆形，边缘上部有不规则浅波状锯齿或近全缘。

花：圆锥花序顶生或生于侧生短枝上，宽尖塔形，花芳香，花冠白色，后变黄白色，有时微红，辐状。

果：果实先红色后变黑色，卵圆形或卵状椭圆形。

66 皱叶荚蒾

学名： *Viburnum rhytidophyllum*

科属： 忍冬科荚蒾属

别名： 枇杷叶荚蒾

花果期： 花期4～5月，果熟期9～10月

生境及产地： 产于陕西、湖北、四川及贵州。生于海拔800～2400米山坡林下或灌丛中

鉴赏要点及应用： 树姿优美，花色洁白，果红艳可爱，为北方常见的观赏植物，多用于庭园的假山岩石边、路边、林缘等处栽培观赏；茎皮纤维可作麻及制绳索。

识别要点

形态：常绿灌木或小乔木，当年小枝粗壮，稍有棱角，二年生小枝红褐色或灰黑色，散生圆形小皮孔。

株高：高达4米。

叶：叶革质，卵状矩圆形至卵状披针形，顶端稍尖或略钝，基部圆形或微心形，全缘或有不明显小齿。

花：聚伞花序稠密，花冠白色，辐状。

果：果实红色，后变黑色，宽椭圆形。

67 海仙花

学名：*Weigela coraeensis*

科属：忍冬科锦带花属

花果期：花期5 ~ 7月，果期8 ~ 10月

生境及产地：我国各地公园常见栽培

鉴赏要点及应用：本种花期长，花量大，色泽鲜艳，为著名的庭园植物，适合公园、绿地、庭院等丛植观赏。

识别要点

形态：落叶直立灌木。

株高：高2 ~ 5米。

叶：叶卵圆形，阔椭圆形或倒卵形，先端突尖或具尾状尖，基部宽楔形稍下延，叶缘具圆钝浅锯齿。

花：1 ~ 3形成聚伞花序，花冠初开淡红色或黄色，后变深红色。

果：蒴果。

68 锦带

学名：*Weigela florida*
科属：忍冬科锦带花属
花果期：花期4 ~ 6月，果期8 ~ 9月
生境及产地：产于东北、内蒙古、山西、陕西、河南、山东、江苏等地。生于海拔100 ~ 1450米的杂木林下或山顶灌木丛中。俄罗斯、朝鲜和日本也有分布

'紫叶'锦带

鉴赏要点及应用：本种花色艳丽，适宜庭院墙隅、湖畔群植；也可作花篱、丛植配植。栽培的品种有'金叶'锦带'Aurea'、'红王子'锦带'Red Prince'、'紫叶'锦带'Foliis Purpureis'和'花叶'锦带'Variegata'

识别要点

形态：落叶灌木，幼枝稍四方形。

株高：高达1 ~ 3米。

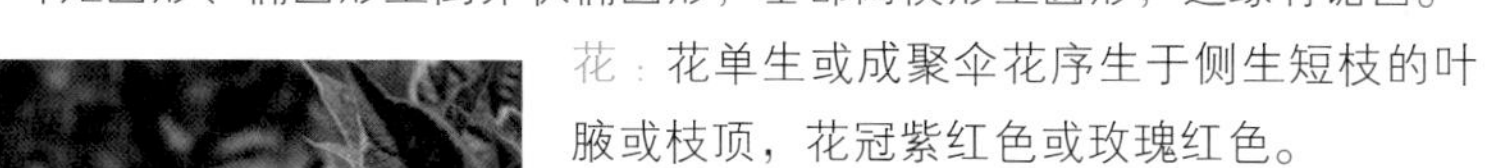

叶：叶矩圆形、椭圆形至倒卵状椭圆形，基部阔楔形至圆形，边缘有锯齿。

花：花单生或成聚伞花序生于侧生短枝的叶腋或枝顶，花冠紫红色或玫瑰红色。

果：蒴果。

'花叶'锦带

'金叶'锦带

'红王子'锦带

木麻黄科 Casuarinaceae

69 木麻黄

学名： *Casuarina equisetifolia*

科属： 木麻黄科木麻黄属

别名： 短枝木麻黄、驳骨树、马尾树

花果期： 花期4 ~ 5月，果期7 ~ 10月

生境及产地： 原产于澳大利亚和太平洋岛屿，现美洲热带地区和亚洲东南部沿海地区广泛栽植

鉴赏要点及应用： 习性强健，生长快，株形美观，多用于海岸防风固沙，也可用于行道树或风景树；其木材坚重，可作船底板及建筑用材；为优良薪炭材；树皮含单宁；枝叶药用；幼嫩枝叶可为牲畜饲料。

识别要点

形态：乔木，树干通直，胸径达70厘米，树冠狭长圆锥形。

株高：高可达30米。

叶：鳞片状叶每轮通常7枚，少为6枚或8枚，披针形或三角形。

花：花雌雄同株或异株；雄花序几无总花梗，棒状圆柱形，覆瓦状排列，雌花序通常顶生于近枝顶的侧生短枝上。

果：球果状果序椭圆形。

卫矛科 Celastraceae

70 卫矛

学名：*Euonymus alatus*
科属：卫矛科卫矛属
花果期：花期5 ~ 6月，果期7 ~ 10月
生境及产地：除东北、新疆、青海、西藏、广东及海南以外，全国各省区均产。生长于山坡、沟地边沿。日本、朝鲜也有

鉴赏要点及应用：卫矛枝翅奇特，秋叶转红，花色淡雅，果实经久不落，具有一定的观赏性，适合公园、绿地、庭院等丛植于园路边或角隅欣赏。带栓翅的枝条入中药，叫鬼箭羽。

识别要点

形态：灌木，小枝常具2 ~ 4列宽阔木栓翅。
株高：高1 ~ 3米。

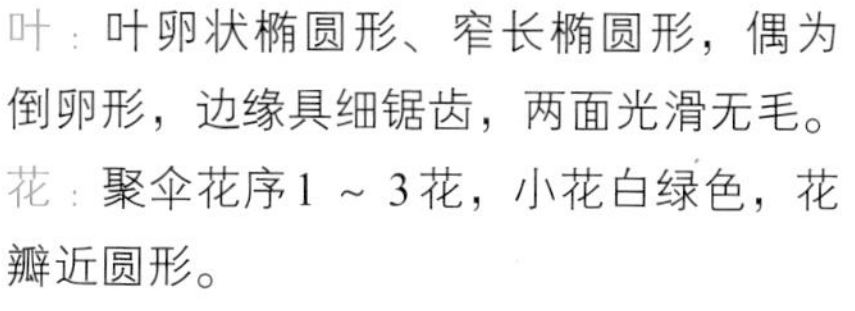

叶：叶卵状椭圆形、窄长椭圆形，偶为倒卵形，边缘具细锯齿，两面光滑无毛。
花：聚伞花序1 ~ 3花，小花白绿色，花瓣近圆形。
果：蒴果。

71 胶州卫矛

学名：*Euonymus fortunei* 'Kiautschovicus'

科属：卫矛科卫矛属

花果期：花期7月，果期10月

生境及产地：产于山东青岛、胶州湾一带，较为少见。生长在平地或较低海拔的山坡、路旁等处

鉴赏要点及应用：终年常绿，抗性极强，可用作绿篱，适合庭院、小路边，树旁绿化。对有害气体抗性强，是污染区理想的绿化树种。

识别要点

形态：半常绿灌木，茎直立，枝常披散式依附他树。

株高：高达3米以上。

叶：叶纸质，倒卵形或阔椭圆形，先端急尖，钝圆或短渐尖，基部楔形，稍下延，边缘有极浅锯齿。

花：聚伞花序花较疏散，2～3次分枝，每花序多具15花，花黄绿色，4数。

果：蒴果近圆球状。

72 冬青卫矛

学名：*Euonymus japonicus*
科属：卫矛科卫矛属
别名：正木、大叶黄杨
花果期：花期6 ~ 7月，果熟期9 ~ 10月
生境及产地：本种最先于日本发现，引入栽培

鉴赏要点及应用：本种习性强健，栽培甚广，多用于园路边、庭前等处栽培，也可做绿篱，可修剪造型。栽培的品种有‘银边’冬青卫矛‘Albo ~ marginatus’、‘金边’冬青卫矛‘Aureo ~ marginatus’，‘金心’冬青卫矛‘Aureus’。

识别要点

形态：灌木，小枝四棱，具细微皱突。
株高：高可达3米。
叶：叶革质，有光泽，倒卵形或椭圆形，先端圆阔或急尖，基部楔形，边缘具有浅细钝齿。
花：聚伞花序5 ~ 12花，花白绿色。
果：蒴果近球状，假种皮橘红色。

‘银边’冬青卫矛

‘金边’冬青卫矛

‘金心’冬青卫矛

73 丝棉木

学名：*Euonymus maackii*

科属：卫矛科卫矛属

别名：白杜

花果期：花期5～6月，果期9月

生境及产地：北起黑龙江，南到长江南岸各省区，西至甘肃，除陕西、西南和广东、广西未见野生外，其他各省区均有。俄罗斯及朝鲜也有

鉴赏要点及应用：树姿优美，秋季叶色变红，果实挂满枝梢，为优良观果植物。适合公园、校园、绿地孤植或列植，也可做庭荫树及行道树。

识别要点

形态：小乔木。

株高：高达6米。

叶：叶卵状椭圆形、卵圆形或窄椭圆形，先端长渐尖，基部阔楔形或近圆形，边缘具细锯齿，有时极深而锐利。

花：聚伞花序3至多花，花4数，淡白绿色或黄绿色。

果：蒴果倒圆心状。

连香树科 Cercidiphyllaceae

74 连香树

学名：*Cercidiphyllum japonicum*

科属：连香树科连香树属

花果期：花期4月，果期8月

生境及产地：产于山西、河南、陕西、甘肃、安徽、浙江、江西、湖北及四川。生海拔650 ~ 2700米山谷边缘或林中开阔地的杂木林中。日本有分布

鉴赏要点及应用：本种树体高大，寿命长，叶片美观，可供观赏，适合草地中、庭前、园路边孤植。树皮及叶均含鞣质，可提制栲胶。

识别要点

形态：落叶大乔木，树皮灰色或棕灰色。

株高：高10 ~ 20米，少数达40米。

叶：生短枝上的叶近圆形、宽卵形或心

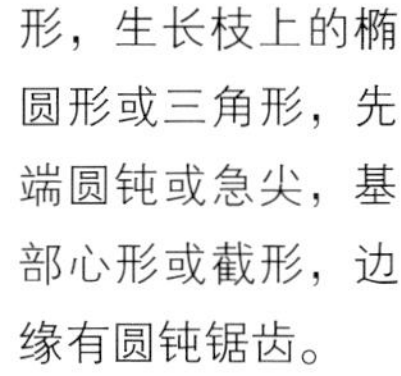

形，生长枝上的椭圆形或三角形，先端圆钝或急尖，基部心形或截形，边缘有圆钝锯齿。

花：雄花常4朵丛生，苞片在花期红色，雌花2 ~ 6（稀为8）朵，丛生。

果：蓇葖果2 ~ 4个，荚果状。

弯子木科 Cochlospermaceae

75 弯子木

学名： *Cochlospermum religiosum*

科属： 弯子木科弯子木属

花果期： 花期春季，果期5 ~ 7月

生境及产地： 原产于墨西哥、中美洲和南美洲

鉴赏要点及应用： 弯子木花大色艳，为极佳的观花小乔木，可用作行道树或植于草地边缘、庭院一隅或校园中观赏。

识别要点

形态：落叶小乔木，树皮灰白色或褐色，光滑。

株高：可达5 ~ 6米。

叶：叶掌状深裂，裂片先端尖。

花：圆锥花序，花簇生，亮黄色，萼片覆瓦状排列。

果：果实为蒴果，梨形，成熟时变为深褐色。

使君子科 Combretaceae

76 小叶榄仁

学名：*Terminalia mantaly*

科属：使君子科诃子属

别名：细叶榄仁

花果期：花期3～6月，果期7～9月

生境及产地：非洲热带

鉴赏要点及应用：本种树姿优美，冠层分明，有较强的观赏性，为著名的园林绿化树种，可用于庭院、公园、风景区、社区等，单植、列植效果均佳。常见栽培的同属植物及品种有锦叶榄仁（*Terminalia mantaly* ‘Tricolor’）、榄仁（*Terminalia catappa*）。

识别要点

形态：落叶乔木。干直立，侧枝水平开展，树冠伞形。

株高：高可达18米。

叶：叶常多枚簇生，小叶长卵形，顶端多圆钝，基部近楔形，叶脉明显，全缘，绿色。

花：穗状花序顶生，花小，两性。

果：假核果，无胚乳。

锦叶榄仁

山茱萸科 Cornaceae

77 灯台树

学名： *Bothrocaryum controversum*

科属： 山茱萸科灯台树属

别名： 六角树、瑞木

花果期： 花期5 ~ 6月，果期7 ~ 8月

生境及产地： 产于辽宁、河北、陕西、甘肃、山东、安徽、台湾、河南以及长江以南各地。生于海拔250 ~ 2600米的常绿阔叶林或针阔叶混交林中。朝鲜、日本、印度、尼泊尔、不丹也有

鉴赏要点及应用： 冠形美观，小果繁密，园林中常用于路边、建筑物旁绿化，也适合作庭荫树、行道树；果实可以榨油，为木本油料植物；夏季花序明显，可以作为行道树种。

识别要点

形态：落叶乔木，树皮光滑，枝开展，圆柱形。

株高：高6 ~ 15米，稀达20米。

叶：叶互生，纸质，阔卵形、阔椭圆状卵形或披针状椭圆形，先端突尖，基部圆形或急尖，全缘。

花：伞房状聚伞花序，顶生，花小，白色。

果：核果球形，成熟时紫红色至蓝黑色。

78 山茱萸

学名：*Cornus officinalis*

科属：山茱萸科山茱萸属

别名：萸肉、山萸肉

花果期：花期3～4月，果期9～10月

生境及产地：产于山西、陕西、甘肃、山东、江苏、浙江、安徽、江西、河南、湖南等地。生于海拔400～1500米，稀达2100米的林缘或森林中。朝鲜、日本也有分布

鉴赏要点及应用：为著名的经济植物，在园林中可作行道树，也适合于石、廊、假山、亭台等处孤植栽培观赏；果入药，为收敛性强壮药。

识别要点

形态：落叶乔木或灌木，树皮灰褐色，小枝细圆柱形。

株高：高4～10米。

叶：叶对生，纸质，卵状披针形或卵状椭圆形，先端渐尖，基部宽楔形或近于圆形，全缘。

花：伞形花序生于枝侧，花小，两性，先叶开放；花萼裂片4，阔三角形，花瓣4，舌状披针形。

果：核果长椭圆形，红色至紫红色。

79 日本四照花

学名：*Cornus kousa*
科属：山茱萸科山茱萸属
别名：东瀛四照花
花果期：花期春季，果期秋季
生境及产地：原产于朝鲜和日本

鉴赏要点及应用：本种冠形优美，开花量大，苞片洁白秀雅，秋叶转红，为著名的观花、观果、观叶树种，适合庭园草坪、路边、林缘等孤植或列植，给人以清新之感。

识别要点

形态：落叶小乔木，小枝纤细。

株高：9 ~ 12米。

叶：叶对生，薄纸质，卵形或卵状椭圆形，先端渐尖，有尖尾，基部宽楔形或圆形，边缘全缘或有明显的细齿。

花：头状花序球形，约由40 ~ 50朵花聚集而成；总苞片4，白色，花小。

果：果序球形，成熟时红色。

80 四照花

学名： *Cornus kousa* subsp. *chinensis*

科属： 山茱萸科山茱萸属

花果期： 花期5～6月，果期9～10月

生境及产地： 产于内蒙古、山西、陕西、甘肃、江苏、安徽、浙江、江西、福建、台湾、河南、湖北、湖南、四川、贵州、云南等地。生于海拔600～2200米的森林中

鉴赏要点及应用： 树形优美，白色总苞覆盖全树，极为美观，为优良的庭园树种，孤植、群植均宜。果实成熟时紫红色，味甜可食，又可作为酿酒原料。

识别要点

形态：落叶小乔木。

株高：株高可达8米。

叶：叶纸质，对生，卵状椭圆形，先端渐尖，基部圆形或宽楔形。

花：总苞白色，花瓣4，白色。

果：果序球形，熟时橙红或紫红色。

81 毛梾

学名： *Cornus walteri*

科属： 山茱萸科山茱萸属

别名： 车梁木

花果期： 花期5月，果期9月

生境及产地： 产于辽宁、河北、山西以及华东、华中、华南、西南各地。生于海拔300 ~ 3300米杂木林或密林下

鉴赏要点及应用： 树体高大，花繁密，可用于绿化及水土保持树种，可孤植或列植。果实含油，供

食用或作高级润滑油；木材坚硬，可做家具、车辆、农具等用；叶和树皮可提制拷胶。

识别要点

形态：落叶乔木，树皮厚，黑褐色，纵裂而又横裂成块状。

株高：高6 ~ 15米。

叶：叶对生，纸质，椭圆形、长圆椭圆形或阔卵形，先端渐尖，基部楔形，有时稍不对称。

花：伞房状聚伞花序顶生，花密，花白色，有香味。

果：核果球形，成熟时黑色。

五桠果科 Dilleniaceae

82 大花五桠果

学名：*Dillenia turbinata*

科属：五桠果科五桠果属

别名：大花第伦桃

花果期：花期4～5月

生境及产地：分布于海南、广西及云南。常见于常绿林里。越南也有

鉴赏要点及应用：株形美观，花色金黄，果大具红晕，为极佳的观花、观果树种，多用于庭园的路边、草地边缘栽培观赏，也是优良的行道树种；果实成熟后可食。

识别要点

形态：常绿乔木，嫩枝粗壮，老枝秃净。

株高：高达30米。

叶：叶革质，倒卵形或长倒卵形，先端圆形或钝，有时稍尖，基部楔形，不等侧。

花：总状花序生枝顶，有花3～5朵，花大，有香气，花瓣薄，黄色，有时黄白色或浅红色，倒卵形。

果：果实近于圆球形，不开裂，暗红色，种子倒卵形。

83 五桠果

学名： *Dillenia indica*

科属： 五桠果科五桠果属

别名： 第伦桃

花果期： 花期秋季，果期7 ~ 10月

生境及产地： 分布于云南。喜生山谷溪旁水湿地带。也见于印度、斯里兰卡、中南半岛、马来西亚及印度尼西亚等地

鉴赏要点及应用： 树体高大，冠形美观，花大洁白，观赏性佳，适合作行道树或风景树，或孤植于水岸边、草坪等或庭院一隅观赏；果实成熟后可食。

识别要点

形态：常绿乔木，胸径宽约1米，树皮红褐色，平滑。

株高：高25米。

叶：叶薄革质，矩圆形或倒卵状矩圆形，先端近于圆形，有短尖头，基部广楔形，不等侧。

花：花单生于枝顶叶腋内，萼片5个，肥厚肉质，近于圆形，花瓣白色，倒卵形。

果：果实圆球形，不裂开，种子压扁。

龙脑香科 Dipterocarpaceae

84 青梅

学名： *Vatica mangachapoi*

科属： 龙脑香科青梅属

别名： 青皮、苦香

花果期： 花期5～6月，果期8～9月

生境及产地： 产于海南。生于海拔700米以下丘陵、坡地林中。越南、泰国、菲律宾、印度尼西亚等国有分布

鉴赏要点及应用： 树体高大，可用作行道树或风景树种，适合公园、风景区、校园等栽培观赏；木材耐腐、耐湿，为优良的造船材之一。

识别要点

形态：乔木，具白色芳香树脂，小枝被星状绒毛。

株高：高约20米。

叶：叶革质，全缘，长圆形至长圆状披针形，先端渐尖或短尖，基部圆形或楔形。

花：圆锥花序顶生或腋生，花瓣白色，有时为淡黄色或淡红色，芳香，长圆形或线状匙形。

果：果实球形。

柿科 Ebenaceae

85 瓶兰花

学名：*Diospyros armata*
科属：柿科柿属
别名：玉瓶兰
花果期：花期5月，果期10月
生境及产地：产于湖北，较少见

乌柿

鉴赏要点及应用：本种花芳香，为我国著名的观果植物之一，除可用于园林绿化外，还常用来制作盆景装饰居室。常见栽培的同属植物有乌柿（*Diospyros cathayensis*）。

识别要点

形态：半常绿或落叶乔木，树冠近球形，枝多而开展。

株高：高达5～13米，直径约15～50厘米。

叶：叶薄革质或革质，椭圆形或倒卵形至长圆形，先端钝或圆，基部楔形，叶片有微小的透明斑点。

花：雄花集成小伞房花序，花乳白色，芳香。

果：果近球形，黄色。

86 柿

学名：*Diospyros kaki*

科属：柿科柿属

花果期：花期5～6月，果期9～10月

生境及产地：原产于我国长江流域。朝鲜、日本、东南亚、大洋洲、阿尔及利亚、法国、俄罗斯、美国等地有栽培

鉴赏要点及应用：为著名的水果，常作经济植物栽培，因其挂果时间长，且庇荫度好，也常用于公园、绿地或庭院栽培观赏；成熟后果实可生食或制柿饼；柿蒂、柿霜入药；木材质硬，纹理细，可做家具材料。

识别要点

形态：落叶大乔木，树冠球形或长圆球形。

株高：通常高达10～14米以上，高龄老树有高达27米的，胸径达65厘米。

叶：叶纸质，卵状椭圆形至倒卵形或近圆形，通常较大，先端渐尖或钝，基部楔形，钝，圆形或近截形，很少为心形。

花：花序腋生，为聚伞花序；雄花序有花3～5朵，通常有花3朵，花冠钟状，黄白色。雌花单生叶腋，花冠淡黄白色或黄白色而带紫红色。

果：果形种种，嫩时绿色，后变黄色、橙黄色，果肉较脆硬，老熟时果肉变成柔软多汁，有种子数颗，种子褐色，椭圆状。

87 君迁子

学名：*Diospyros lotus*

科属：柿科柿属

别名：黑枣

花果期：花期5 ~ 6月，果期10 ~ 11月

生境及产地：产于我国大部分省区。生于海拔500 ~ 2300米的山地、山坡、山谷的灌丛中，或在林缘。亚洲西部、小亚细亚、欧洲南部亦有分布

鉴赏要点及应用：本种生长快，寿命长，冠形美观，为优良绿化树种，适合公园、绿地孤植、列植欣赏，也可作行道树。成熟果实可供食用，亦可制成柿饼；又可供制糖、酿酒、制醋。

识别要点

形态：落叶乔木，树皮灰黑色或灰褐色，深裂或不规则的厚块状剥落。

株高：高可达30米，胸径可达1.3米。

叶：叶近膜质，椭圆形至长椭圆形，先端渐尖或急尖，基部钝，宽楔形以至近圆形。

花：雄花1 ~ 3朵腋生，簇生，花冠壶形，带红色或淡黄色，雌花单生，淡绿色或带红色。

果：果近球形或椭圆形，初熟时为淡黄色，后则变为蓝黑色。

胡颓子科 Elaeagnaceae

88 沙枣

学名： *Elaeagnus angustifolia*

科属： 胡颓子科胡颓子属

别名： 银柳、红豆、银柳胡颓子

花果期： 花期5～6月，果期9月

生境及产地： 产于辽宁、河北、山西、河南、陕西、甘肃、内蒙古、宁夏、新疆、青海。通常为栽培植物，亦有野生。俄罗斯、中东、近东至欧洲也有分布

鉴赏要点及应用： 耐旱性强，适合干旱地区的公园、绿地绿化，也常用作防护林；肉含有糖分、淀粉、蛋白质、脂肪和维生素，可以生食或熟食；果实可酿酒、制醋、制糕点等；果实和叶可作牲畜饲料；花可提芳香油，作调香原料，也是重要的蜜源植物；木材坚韧细密，可作家具、农具等材料，是沙漠地区农村燃料的主要来源之一；果实、叶、根可入药。

识别要点

形态：落叶乔木或小乔木，无刺或具刺，幼枝密被银白色鳞片，老枝鳞片脱落。

株高：高5～10米。

叶：叶薄纸质，矩圆状披针形至线状披针形，顶端钝尖或钝形，基部楔形，全缘，上面幼时具银白色圆形鳞片，成熟后部分脱落。

花：花银白色，直立或近直立，密被银白色鳞片，芳香，常1～3花簇生新枝基部。

果：果实椭圆形，粉红色，密被银白色鳞片。

89 胡颓子

学名： *Elaeagnus pungens*

科属： 胡颓子科胡颓子属

别名： 甜棒子、三月枣、羊奶子

花果期： 花期9 ~ 12月，果期次年4 ~ 6月

生境及产地： 产于江苏、浙江、福建、安徽、江西、湖北、湖南、贵州、广东、广西。生于海拔1000米以下的向阳山坡或路旁。日本也有

牛奶子

鉴赏要点及应用： 花具芳香，果实艳丽，为常见栽培的园林植物，适合庭园的路边、厅廊边、墙垣边种植观赏；种子、叶和根可入药；种子可止泻，叶治肺虚短气，根治吐血；果实味甜，可生食，也可酿酒和熬糖；茎皮纤维可造纸和人造纤维板。常见栽培的同属植物有牛奶子（*Elaeagnus umbellata*）。

识别要点

形态：常绿直立灌木，具刺，刺顶生或腋生。

株高：高3 ~ 4米。

叶：叶革质，椭圆形或阔椭圆形，稀矩圆形，两端钝形或基部圆形，边缘微反卷或皱波状，上面幼时具银白色和少数褐色鳞片，成熟后脱落，下面密被银白色和少数褐色鳞片。

花：花白色或淡白色，下垂，密被鳞片，1 ~ 3花生于叶腋锈色短小枝上。

果：果实椭圆形，幼时被褐色鳞片，成熟时红色。

杜英科 Elaeocarpaceae

90 尖叶杜英

学名：*Elaeocarpus apiculatus*

科属：杜英科杜英属

别名：长芒杜英、突尖杜英

花果期：花期8 ~ 9月，果实在冬季成熟

生境及产地：产于云南、广东和海南，见于低海拔的山谷。中南半岛及马来西亚也有分布

鉴赏要点及应用：叶大，花繁茂，冠形美，为优良的园林树种，适合作园景树、行道树及庭荫树，丛植、孤植皆宜。

识别要点

形态：乔木，树皮灰色，小枝粗壮。

株高：高达30米，胸径可达2米。

叶：叶聚生于枝顶，革质，倒卵状披针形，先端钝，偶有短小尖头，中部以下渐变狭窄，基部窄而钝，或为窄圆形。

花：总状花序生于枝顶叶腋内，有花5 ~ 14朵，花瓣倒披针形。

果：核果椭圆形。

91 水石榕

学名：*Elaeocarpus hainanensis*

科属：杜英科杜英属

别名：海南胆八树、水柳树

花果期：花期6 ~ 7月

生境及产地：产于海南、广西及云南。喜生于低湿处及山谷水边。越南、泰国也有

鉴赏要点及应用：习性强健，开花繁茂，观赏性佳，在南方园林中应用广泛，适合路边、水岸边或庭园一隅栽培观赏。

识别要点

形态：小乔木，具假单轴分枝，树冠宽广。

株高：株高可达9米。

叶：叶革质，狭窄倒披针形，先端尖，基部楔形，幼时上下两面均秃净，老叶上面深绿色。

花：总状花序生当年枝的叶腋内，花较大，花瓣白色。

果：核果纺锤形，两端尖。

杜鹃花科 Ericaceac

02 红脉吊钟花

学名： *Enkianthus campanulatu*

科属： 杜鹃花科吊钟花属

别名： 日本吊钟花

花果期： 花期春至夏初，果期秋季

生境及产地： 产于日本

鉴赏要点及应用： 繁花满树，状似一个个小小风铃挂于枝间随风摇曳，极为美丽，秋季树叶由绿转为火红或橙色，为不可多得的观花、观叶树种。可用于庭园的小路边、角隅、山石边孤植或群植，也可盆栽用于阳台、天台或庭院中装饰。

识别要点

形态：落叶灌木，丛生，小枝红色。

株高：6米。

叶：叶互生，叶在枝端簇生，卵形，暗绿色，秋季变为亮红花，具柄。

花：花小，钟状，乳黄色至淡红色，具红色脉纹。

果：蒴果。

93 吊钟花

学名：*Enkianthus quinqueflorus*

科属：杜鹃花科吊钟花属

别名：铃儿花、白鸡烂树、山连召

花果期：花期3～5月，果期5～7月

生境及产地：分布于江西、福建、湖北、湖南、广东、广西、四川、贵州、云南。生于海拔600～2400米的山坡灌丛中。越南亦有

鉴赏要点及应用：花形奇特，极为美丽，为广州市传统的年宵花卉，适合公园、庭院等栽培观赏。同属种有齿缘吊钟花（*Enkianthus serrulatus*）。

识别要点

形态：灌木或小乔木。树皮灰黄色；多分枝，枝圆柱状，无毛。

株高：高1～3（稀为7）米。

叶：叶常密集于枝顶，互生，革质，两面无毛，长圆形或倒卵状长圆形，先端渐尖且具钝头或小突尖，基部渐狭而成短柄，边缘反卷，全缘或稀向顶部疏生细齿。

花：花通常3～8（稀为13）朵组成伞房花序，从枝顶覆瓦状排列的红色大苞片内生出，花冠宽钟状，粉红色或红色，口部5裂，裂片钝，微反卷。

果：蒴果椭圆形，淡黄色。

齿缘吊钟花

94 马醉木

学名：*Pieris japonica*

科属：杜鹃花科马醉木属

别名：日本马醉木

花果期：花期4～5月，果期7～9月

生境及产地：产于安徽、浙江、福建、台湾等地。生于海拔800～1200米的灌丛中。日本也有

鉴赏要点及应用：花序大，小花密集，洁白典雅，有极佳的观赏性，可用于草地中、庭前、路边丛植观赏。叶有毒，可作杀虫剂。

识别要点

形态：灌木或小乔木，树皮棕褐色，小枝开展，无毛。

株高：高约4米。

叶：叶革质，密集枝顶，椭圆状披针形，先端短渐尖，基部狭楔形，边缘在2/3以上具细圆齿，稀近于全缘。

花：总状花序或圆锥花序顶生或腋生，花冠白色，坛状。

果：蒴果。

95 大白杜鹃

学名：*Rhododendron decorum*

科属：杜鹃花科杜鹃花属

花果期：花期4～6月，果期9～10月

生境及产地：产于四川、贵州、云南和西藏。生于海拔1000～4000米的灌丛中或森林下。缅甸也有分布

鉴赏要点及应用：本种适合性较强，花大繁密，洁白雅致，在欧洲等地园林中已广泛应用，适合花园、公园、庭前丛植或孤植观赏，也适宜与其他花色的杜鹃搭配使用。

识别要点

形态：常绿灌木或小乔木，树皮灰褐色或灰白色，幼枝绿色，老枝褐色。

株高：高1～3米，稀达6～7米。

叶：叶厚革质，长圆形、长圆状卵形至长圆状倒卵形，先端钝或圆，基部楔形或钝，稀近于圆形。

花：顶生总状伞房花序，有花8～10朵，有香味；花冠宽漏斗状钟形，变化大，淡红色或白色。

果：蒴果长圆柱形，微弯曲。

96 马缨杜鹃

学名：*Rhododendron delavayi*

科属：杜鹃花科杜鹃花属

别名：马缨花

花果期：花期5月，果期12月

生境及产地：产于广西、四川、贵州、云南和西藏。生于海拔1200～3200米的常绿阔叶林或灌木丛中。越南北部、泰国、缅甸和印度东北部也有

鉴赏要点及应用：本种花开繁盛，红艳似火，为极佳的观花植物，近年来，在南方部分地区已开始引种栽培，适合庭园的路边、廊架边或一隅栽培观赏，盆栽适合阶前、门厅摆放观赏。

识别要点

形态：常绿灌木或小乔木，树皮淡灰褐色，薄片状剥落。

株高：高1～7（稀为12）米。

叶：叶革质，长圆状披针形，先端钝尖或急尖，基部楔形，边缘反卷。

花：顶生伞形花序，圆形，紧密，有花10～20朵；花萼小，裂片5，宽三角形；花冠钟形，肉质，深红色，裂片5，近于圆形。

果：蒴果圆柱形，黑褐色。

97 羊踯躅

学名：*Rhododendron molle*

科属：杜鹃花科杜鹃花属

别名：黄杜鹃、闹羊花、羊不食草

花果期：花期3 ~ 5月，果期7 ~ 8月

生境及产地：产于江苏、安徽、浙江、江西、福建、河南、湖北、湖南、广东、广西、四川、贵州和云南。生于海拔1000米的山坡草地或丘陵地带的灌丛或山脊杂木林下

鉴赏要点及应用：本种色泽艳丽，观赏性佳，常用于路边、花坛等绿化；为著名的有毒植物之一；误食令人腹泻，呕吐或痉挛；羊食时往往踯躅而死亡，故此得名；全株还可做农药。

识别要点

形态：落叶灌木，分枝稀疏，枝条直立。

株高：高0.5 ~ 2米。

叶：叶纸质，长圆形至长圆状披针形，先端钝，具短尖头，基部楔形，边缘具睫毛。

花：总状伞形花序顶生，花多达13朵，先花后叶或与叶同时开放；花冠阔漏斗形，黄色或金黄色，内有深红色斑点，花冠管向基部渐狭，圆筒状。

果：蒴果圆锥状长圆形。

98 锦绣杜鹃

学名：*Rhododendron pulchrum*

科属：杜鹃花科杜鹃花属

别名：毛鹃、鲜艳杜鹃

花果期：花期4～5月，果期9～10月

生境及产地：产于江苏、浙江、江西、福建、湖北、湖南、广东和广西

鉴赏要点及应用：习性强健，易栽培，开花繁茂，观赏性高，为著名的观花植物，适合庭园用于花篱、假山石边、墙垣边等栽培，也可片植于林下、林缘或坡地，均可形成良好的景观效果。

识别要点

形态：半常绿灌木，枝开展，淡灰褐色，被淡棕色糙伏毛。

株高：高1.5～2.5米。

叶：叶薄革质，椭圆状长圆形至椭圆状披针形或长圆状倒披针形，先端钝尖，基部楔形，边缘反卷，全缘。

花：伞形花序顶生，有花1～5朵；花萼大，绿色，5深裂，裂片披针形；花冠玫瑰紫色，阔漏斗形。

果：蒴果长圆状卵球形。

99 杜鹃

学名：*Rhododendron simsii*

科属：杜鹃花科杜鹃花属

别名：映山红、山踯躅、山石榴、唐杜鹃

花果期：花期4～5月，果期6～8月

生境及产地：产于江苏、安徽、浙江、江西、福建、台湾、湖北、湖南、广东、广西、四川、贵州和云南。生于海拔500～1200（稀为2500）米的山地疏灌丛或松林下

鉴赏要点及应用：花冠鲜红，极为艳丽，为著名的观花植物，国内栽培广泛，适合公园、绿地、小区、校园等路边、山石边或庭院中栽培观赏。盆栽可用于阳台、天台及居家装饰；全株供药用，有行气活血、补虚等功效。

识别要点

形态：落叶灌木，分枝多而纤细。

株高：高2（稀为5）米。

叶：叶革质，常集生枝端，卵形、椭圆状卵形或倒卵形或倒卵形至倒披针形，先端短渐尖，基部楔形或宽楔形，边缘微反卷，具细齿。

花：花2～3（稀为6）朵簇生枝顶，花萼5深裂，裂片三角状长卵形，花冠阔漏斗形，玫瑰色、鲜红色或暗红色。

果：蒴果卵球形。

100 黄杯杜鹃

学名：*Rhododendron wardiii*

科属：杜鹃花科杜鹃花属

花果期：花期6～7月，果期8～9月

生境及产地：产于四川、云南、西藏。生于3000～4000米的山坡、云杉及冷杉林缘、灌木丛中

鉴赏要点及应用：花大，鲜黄色，极为艳丽，为著名观花植物，可用于庭前、公园等的园路边、角隅丛植观赏。

识别要点

形态：灌木，幼枝嫩绿色，老枝灰白色，树皮有时层状剥落。

株高：高约3米。

叶：叶多密生于枝端，革质，长圆状椭圆形或卵状椭圆形，先端钝圆，有细尖头，基部微心形。

花：总状伞形花序，有花5～8（稀为14）朵；花冠杯状，鲜黄色，5裂。

果：蒴果圆柱状。

杜仲科 Eucommiaceae

101 杜仲

学名：*Eucommia ulmoides*

科属：杜仲科杜仲属

花果期：早春开花，秋后果实成熟

生境及产地：产于陕西、甘肃、河南、湖北、四川、云南、贵州、湖南及浙江等地，现各地广泛栽种。生长于海拔300 ~ 500米的低山、谷地或低坡的疏林里

鉴赏要点及应用：杜仲树体高大，庇荫效果极佳，可用作行道树或用于庭园绿化；树皮药用；树皮分泌的硬橡胶供工业原料及绝缘材料；木材供建筑及制家具。

识别要点

形态：落叶乔木，树皮灰褐色，粗糙。

株高：高达20米，胸径约50厘米。

叶：叶椭圆形、卵形或矩圆形，薄革质，基部圆形或阔楔形，先端渐尖。

花：花生于当年枝基部，雄花无花被，雌花单生，苞片倒卵形。

果：翅果扁平，长椭圆形，种子扁平，线形。

102 石栗

学名：*Aleurites moluccanus*

科属：大戟科石栗属

花果期：花期4～10月，果期10～12月

生境及产地：产于福建、台湾、广东、海南、广西、云南等地。分布于亚洲热带、亚热带地区

鉴赏要点及应用：冠形良好，庇荫效果好，可用作行道树或庭园绿化树种；种子富油，供工业用。

识别要点

形态：常绿乔木，树皮暗灰色，浅纵裂至近光滑。

株高：高达18米。

叶：叶纸质，卵形至椭圆状披针形，顶端短尖至渐尖，基部阔楔形或钝圆，稀浅心形，全缘或3（稀为1或5）浅裂。

花：花雌雄同株，同序或异序，花瓣长圆形，乳白色至乳黄色。

果：核果近球形或稍偏斜的圆球状，种子圆球状，侧扁。

103 秋枫

学名：*Bischofia javanica*

科属：大戟科秋枫属

别名：茄冬、加冬、木梁木、秋风子

花果期：花期4～5月，果期8～10月

生境及产地：产于陕西、江苏、安徽、浙江、江西、福建、台湾、河南、湖北、湖南、广东、海南、广西、四川、贵州、云南等地。常生于海拔800米以下山地潮湿沟谷林中或平原栽培。印度、缅甸、泰国、老挝、柬埔寨、越南、马来西亚、印度尼西亚、菲律宾、日本、澳大利亚也有

鉴赏要点及应用：枝叶繁茂，干通直，冠形佳，树姿美，为优良的园林风景树、绿化树和行道树；木材红褐色，可供建筑、桥梁、造船等用；果肉可酿酒；种子含油，供食用，也可作为润滑油；树皮可提取红色染料。常见栽培同属植物有重阳木（*Bischofia polycarpa*）。

识别要点

形态：常绿或半常绿大乔木，树干圆满通直，但分枝低，主干较短；树皮灰褐色至棕褐色。

株高：高达40米，胸径可达2.3米。

叶：三出复叶，稀5小叶，小叶片纸质，卵形、椭圆形、倒卵形或椭圆状卵形，顶端急尖或短尾状渐尖，基部宽楔形至钝，边缘有浅锯齿。

花：花小，雌雄异株，多朵组成腋生的圆锥花序。

果：果实浆果状，圆球形或近圆球形。

104 变叶木

学名：*Codiaeum variegatum*

科属：大戟科变叶木属

别名：洒金榕

花果期：花期9 ~ 10月

生境及产地：原产于亚洲马来半岛至大洋洲

鉴赏要点及应用：本种是热带、亚热带地区常见的庭园或公园观叶植物，栽培品种繁多，多用于路边、花坛、花带或林缘栽培观赏，盆栽适合庭院、居室等装饰。

识别要点

形态：灌木或小乔木，枝条无毛，有明显叶痕。

株高：高可达2米。

叶：叶薄革质，形状大小变异很大，线形、线状披针形、长圆形、椭圆形、披针形、卵形、匙形、提琴形至倒卵形，有时由长的中脉把叶片间断成上下两片。顶端短尖、渐尖至圆钝，基部楔形、短尖至钝，边全缘、浅裂至深裂，两面无毛，绿色、淡绿色、紫红色、紫红与黄色相间、黄色与绿色相间或有时在绿色叶片上散生黄色或金黄色斑点或斑纹。

花：总状花序腋生，雌雄同株异序，雄花白色，雌花淡黄色。

果：蒴果近球形，稍扁。

105 一叶萩

学名：*Flueggea suffruticosa*

科属：大戟科白饭树属

别名：叶底珠

花果期：花期3 ~ 8月，果期6 ~ 11月

生境及产地：除西北尚未发现外，全国各地均有分布。生于海拔800 ~ 2500米山坡灌丛中或山沟、路边。蒙古、俄罗斯、日本、朝鲜等也有分布

鉴赏要点及应用：习性强健，开花繁茂，果实悬垂于枝上，可供观赏，适合丛植于路边、墙垣边等处。花和叶供药用。

识别要点

形态：灌木，多分枝，小枝浅绿色，近圆柱形。

株高：高1 ~ 3米。

叶：叶片纸质，椭圆形或长椭圆形，稀倒卵形，顶端急尖至钝，基部钝至楔形，全缘或间中有不整齐的波状齿或细锯齿。

花：花小，雌雄异株，簇生于叶腋。

果：蒴果三棱状扁球形。

106 血桐

学名： *Macaranga tanarius*

科属： 大戟科血桐属

别名： 流血桐、帐篷树

花果期： 花期4～5月，果期6月

生境及产地： 产于台湾、广东。生于沿海低山灌木林或次生林中。日本、越南、泰国、缅甸、马来西亚、印度尼西亚、澳大利亚也有

鉴赏要点及应用： 冠形圆整，叶大，庇荫度好，生长快，适合庭园的路边、草坪中孤植观赏，也可作行道树；木材可供建筑用材。

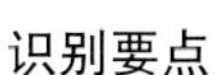

识别要点

形态：乔木，嫩枝、嫩叶、托叶均被黄褐色柔毛或有时嫩叶无毛；小枝粗壮，被白霜。

株高：高5～10米。

叶：叶纸质或薄纸质，近圆形或卵圆形，顶端渐尖，基部钝圆，盾状着生，全缘或叶缘具浅波状小齿。

花：雄花序圆锥状，苞片卵圆形，苞腋具花约11朵；雌花序圆锥状，花萼2～3裂，被短柔毛。

果：蒴果具2～3个分果片，种子近球形。

107 乌桕

学名：*Sapium sebiferum*

科属：大戟科乌桕属

别名：桕子树、木子树、腊子树

花果期：花期4～8月，果期10～11月

生境及产地：主要分布于黄河以南各地，北达陕西、甘肃。生于旷野、塘边或疏林中。日本、越南、印度也有

鉴赏要点及应用：本种树冠美观，叶秀丽，入秋后转红，观赏性强，可列植、孤植于湖畔、路边等处，也可作行道树；木材坚硬，纹理细致，用途广；叶为黑色染料，可染衣物；根皮治毒蛇咬伤；白色的蜡质层（假种皮）溶解后可制肥皂、蜡烛；种子油适于作为涂料，可涂油纸、油伞等。

识别要点

形态：乔木，树皮暗灰色，有纵裂纹。

株高：高可达15米。

叶：叶互生，纸质，叶片菱形、菱状卵形或稀有菱状倒卵形，顶端骤然紧缩具长短不等的尖头，基部阔楔形或钝，全缘。

花：花单性，雌雄同株，聚集成顶生的总状花序，雄花苞片阔卵形，长和宽近相等，雌花苞片深3裂，裂片渐尖。

果：蒴果梨状球形，成熟时黑色，种子扁球形，黑色。

108 油桐

学名：*Vernicia fordii*

科属：大戟科油桐属

别名：桐油树、桐子树、罂子桐、荏桐

花果期：花期3～4月，果期8～9月

生境及产地：产于陕西、河南、江苏、安徽、浙江、江西、福建、湖南、湖北、广东、海南、广西、四川、贵州、云南等地。通常栽培于海拔1000米以下丘陵山地。越南也有分布

鉴赏要点及应用：本种为著名的乡土树种，株形挺拔，开花繁茂，树上繁花如雪，树下落花成溪，观赏性极佳，可用作行道树，也适合庭园孤植或草地丛植观赏；油桐也是我国重要的工业油料植物；果皮可制活性炭或提取碳酸钾。

识别要点

形态：落叶乔木。

株高：可达10米。

叶：叶卵圆形，顶端短尖，基部截平至浅心形，全缘，稀1～3浅裂，嫩叶上面被很快脱落微柔毛，下面被渐脱落棕褐色微柔毛，成长叶上面深绿色，无毛，下面灰绿色，被贴伏微柔毛；掌状脉5（稀为7）条。

花：花雌雄同株，先叶或与叶同时开放；花萼2（稀为3）裂；花瓣白色，有淡红色脉纹，倒卵形，基部爪状。

果：核果近球状，果皮光滑；种子3～4（稀为8）颗，种皮木质。

109 木油桐

学名：*Vernicia montana*

科属：大戟科油桐属

别名：千年桐、皱果桐

花果期：花期4 ~ 5月

生境及产地：分布于浙江、江西、福建、台湾、湖南、广东、海南、广西、贵州、云南等地。生于海拔1300米以下的疏林中。越南、泰国、缅甸也有

鉴赏要点及应用：多用作造林树种，在园林中可用于公园、风景区等的园路边等植观赏，也适合孤植于草地中、建筑物旁；种子可榨油，用于工业；果皮可制活性炭或提取碳酸钾。

识别要点

形态：落叶乔木，枝条无毛，散生突起皮孔。

株高：高达20米。

叶：叶阔卵形，顶端短尖至渐尖，基部心形至截平，全缘或2 ~ 5裂。

花：花序生于当年生已发叶的枝条上，雌雄异株或有时同株异序；花瓣白色或基部紫红色且有紫红色脉纹，倒卵形。

果：核果卵球状，有种子3颗，种子扁球状。

藤黄科 Guttiferae

110 黄牛木

学名： *Cratoxylum cochinchinense*

科属： 藤黄科黄牛木属

别名： 黄牛茶、黄牙木、鹧鸪木

花果期： 花期4～5月，果期6月以后

生境及产地： 产于广东、广西及云南。生于海拔1240米以下丘陵或山地的干燥阳坡上的次生林或灌丛中。缅甸、泰国、越南、马来西亚、印度尼西亚至菲律宾也有

鉴赏要点及应用： 习性强健，易管理，开时时十分美丽，可用于假山石边、墙垣边或草地等处丛植栽培欣赏；本种材质坚硬，纹理精致，供雕刻用；幼果可作烹调香料；根、树皮及嫩叶入药；嫩叶尚可作茶叶代用品。

识别要点

形态：落叶灌木或乔木，树干下部有簇生的长枝刺；树皮灰黄色或灰褐色。

株高：高1.5～18（稀为25）米。

叶：叶片椭圆形至长椭圆形或披针形，先端骤然锐尖或渐尖，基部钝形至楔形，坚纸质，两面无毛。

花：聚伞花序腋生或腋外生及顶生，有花2～3朵（稀为1朵），花瓣粉红、深红至红黄色，倒卵形。

果：蒴果椭圆形，棕色，种倒卵形。

111 铁力木

学名：*Mesua ferrea*

科属：藤黄科铁力木属

别名：铁栗木、铁棱

花果期：花期3 ~ 5月，果期8 ~ 10月

生境及产地：热带亚洲南部和东南部，从印度、斯里兰卡、孟加拉、泰国经中南半岛至马来半岛等地均有分布

鉴赏要点及应用：树形美观，花大，具芳香，适宜于庭园绿化观赏；种子可榨油，用于工业；木材结构较细，材质极重，坚硬强韧，难于加工，耐磨、抗腐性强，抗虫害，不易变形。

识别要点

形态：常绿乔木，具板状根，树干端直，树冠锥形。

株高：高20 ~ 30米。

叶：叶嫩时黄色带红，老时深绿色，革质，通常下垂，披针形或狭卵状披针形至线状披针形，顶端渐尖或长渐尖至尾尖，基部楔形。

花：花两性，1 ~ 2顶生或腋生，花瓣4枚，白色，倒卵状楔形。

果：果卵球形或扁球形，种子褐色，有光泽。

112 蚊母树

学名： *Distylium racemosum*

料属： 金缕梅科蚊母树属

别名： 中华蚊母

花果期： 花期4月，果期8 ~ 9月

生境及产地： 分布于福建、浙江、台湾、海南；也见于朝鲜及日本琉球

鉴赏要点及应用： 枝叶繁茂，四季常青，易栽培，常用于公园、绿地、风景区绿化，丛植、孤植效果均佳，可用于路边、山石边或墙垣处绿化。

识别要点

形态：常绿灌木或中乔木，嫩枝有鳞垢，老枝秃净。

株高：高可达16米。

叶：叶革质，椭圆形或倒卵状椭圆形，先端钝或略尖，基部阔楔形。

花：总状花序，雌雄花同在一个花序上，雌花位于花序的顶端。

果：蒴果卵圆形，先端尖，外面有褐色星状绒毛，上半部两片裂开。

113 枫香

学名： *Liquidambar formosana*

科属： 金缕梅科枫香属

别名： 枫香树

花果期： 花期3 ~ 5月，果期秋季

生境及产地： 产于我国秦岭及淮河以南各地。性喜阳光，多生于平地、村落附近及低山的次生林。越南、老挝及朝鲜也有

鉴赏要点及应用： 为我国著名的彩叶树种，树形美观，入秋季后叶变红，观赏性极佳，可植于庭园中作庭荫树，也可植于道路两边作行道树，或与其他乔灌木配植，营造立体景

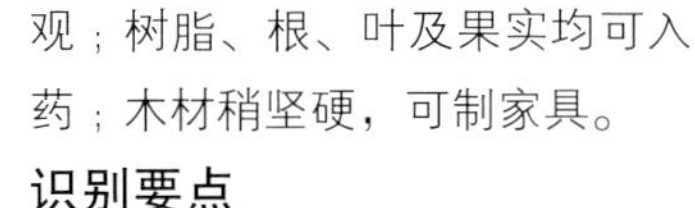

观；树脂、根、叶及果实均可入药；木材稍坚硬，可制家具。

识别要点

形态：落叶乔木，树皮灰褐色，方块状剥落。

株高：高达30米，胸径最大可达1米。

叶：叶薄革质，阔卵形，掌状3裂，中央裂片较长，先端尾状渐尖；两侧裂片平展；基部心形。

花：雄性短穗状花序常多个排成总状，雌性头状花序有花24 ~ 43朵。

果：蒴果，种子多数，褐色，多角形或有窄翅。

114 红花继木

学名：*Loropetalum chinense* var. *rubrum*

科属：金缕梅科继木属

别名：红继木

花果期：花期3～4月，果期8月

生境及产地：分布于湖南长沙岳麓山，多属栽培

鉴赏要点及应用：为著名的彩叶树种，栽培广泛，可用于园路边、墙垣边作绿篱栽培，丛植于草地中、建筑物旁等效果也佳，还可与其他花灌木配植组成不同的色块；叶用于止血，根及叶用于跌打损伤，有去瘀生新功效。

识别要点

形态：灌木，有时为小乔木，多分枝。

株高：株高可达9米。

叶：叶革质，卵形，先端尖锐，基部钝，不等侧，全缘，暗红色。

花：花3～8朵簇生，有短花梗，紫红色，苞片线形，花瓣4片，带状，先端圆或钝。

果：蒴果卵圆形，先端圆。

115 壳菜果

学名： *Mytilaria laosensis*

科属： 金缕梅科壳菜果属

别名： 米老排

花果期： 花期6～7月，果熟期10～11月

生境及产地： 产于云南、广西及广东。老挝及越南也有

鉴赏要点及应用： 叶美观，可用作行道树或风景树，适合公园、绿地、校园等路边列植，也可孤植或群植于草地中或一隅观赏。

识别要点

形态：常绿乔木，小枝粗壮，无毛，节膨大，有环状托叶痕。

株高：高达30米。

叶：叶革质，阔卵圆形，全缘，或幼叶先端3浅裂，先端短尖，基部心形。

花：肉穗状花序顶生或腋生，单独，花多数，紧密排列在花序轴；花瓣带状舌形，白色。

果：蒴果黄褐色。

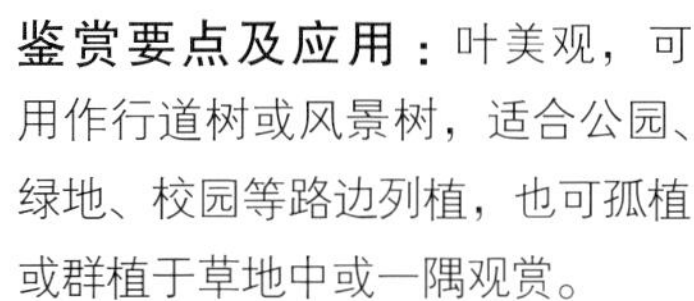

110 红花荷

学名：*Rhodoleia championii*

科属：金缕梅科红花荷属

别名：红苞木

花果期：花期3～4月

生境及产地：分布于广东中部及西部

鉴赏要点及应用：红花荷开花繁盛，花奇特美丽，抗性强，对环境要求不高，适合庭园作风景树栽培观赏，可植于园路边、庭院一隅、坡地等处，或盆栽置于阶前、厅堂绿化。

识别要点

形态：常绿乔木，嫩枝颇粗壮，无毛。

株高：高12米。

叶：叶厚革质，卵形，先端钝或略尖，基部阔楔形，三出脉，上面深绿色，下面灰白色。

花：头状花序常弯垂；花瓣匙形，红色。

果：蒴果卵圆形，种子扁平，黄褐色。

117 ‘普罗提’红花七叶树

学名：*Aesculus × carnea* ‘Briotii’

科属：七叶树科七叶树属

花果期：花期春季，果期秋季

生境及产地：园艺种

鉴赏要点及应用：本种树体高大，冠形优美，花色艳丽，有极佳的观赏性，适合街头绿地、庭园等孤植或列植欣赏，也可用作行道树。

识别要点

形态：落叶乔木，树冠圆形。

株高：高达10 ~ 15米。

叶：掌状复叶，小叶5 ~ 7枚，无柄，有锯齿。

花：圆锥花序长达25厘米，花深红色。

果：蒴果。

118 七叶树

学名：*Aesculus chinensis*

科属：七叶树科七叶树属

别名：桫椤树、梭椤子、天师栗

花果期：花期4 ~ 5月，果期10月

生境及产地：陕西秦岭有野生

鉴赏要点及应用：树形美观，姿态优雅，花大而特，极为美丽，为著名观赏树种之一，常用作行道树，也可孤植于庭园中观赏；木材细密可制造各种器具；种子可作药用，榨油可制造肥皂。

识别要点

形态：落叶乔木，树皮深褐色或灰褐色，小枝圆柱形，黄褐色或灰褐色。

株高：高达25米。

叶：小叶纸质，长圆披针形至长圆倒披针形，稀长椭圆形，先端短锐尖，基部楔形或阔楔形，边缘有钝尖形的细锯齿。

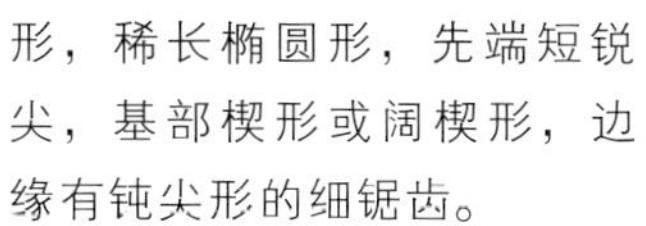

花：花序圆筒形，小花序常由5 ~ 10朵花组成，平斜向伸展，花杂性，雄花与两性花同株，花萼管状钟形，花瓣4，白色，长圆倒卵形至长圆倒披针形。

果：果实球形或倒卵圆形，种子近于球形，栗褐色。

119 欧洲七叶树

学名：*Aesculus hippocastanum*
科属：七叶树科七叶树属
花果期：花期5～6月，果期9月
生境及产地：原产于阿尔巴尼亚和希腊

鉴赏要点及应用：本种的树冠广阔，花繁密，观赏性佳，可作行道树和庭园树。木材材性良好，可用于制造各种器具。

识别要点

形态：落叶乔木，小枝淡绿色或淡紫绿色。

株高：通常高达25～30米，胸高直径2米。

叶：掌状复叶对生，有5～7小叶；小叶倒卵形，先端短急锐尖，基部楔形，边缘有钝尖的重锯齿。

花：圆锥花序顶生，花较大，花萼钟形，花瓣4或5，白色，有红色斑纹，爪初系黄色，后变棕色。

果：果实系近于球形的蒴果。

120 北美红花七叶树

学名：*Aesculus pavia*

科属：七叶树科七叶树属

花果期：花期春季，果期秋季

生境及产地：产于北美

鉴赏要点及应用：花色艳丽，繁密，有较高观赏性，目前我国有少量引种，可用于公园、花园或庭前栽培观赏。

识别要点

形态：落叶乔木，有时呈灌木状。

株高：株高5米。

叶：掌状复叶，小叶3～5，倒卵形，光滑，暗绿色。

花：圆锥花序，花瓣4，红色。

果：蒴果。

胡桃科 Juglandaceae

121 核桃

学名：*Juglans regia*

科属：胡桃科胡桃属

别名：胡桃

花果期：花期5月，果期10月

生境及产地：产于华北、西北、西南、华中、华南和华东。生于海拔400～1800米的山坡及丘陵地带。分布于中亚、西亚、南亚和欧洲

鉴赏要点及应用：为我国著名的乡土树种，多作经济植物栽培，植株高大，树冠浓密，可作行道树及庭荫树种；种仁含油量高，可生食，亦可榨油食用；木材坚实，是很好的硬木材料。

识别要点

形态：乔木，树冠广阔。

株高：高达20～25米。

叶：奇数羽状复叶，叶柄及叶轴幼时被有极短腺毛及腺体；小叶通常5～9枚，稀3枚，椭圆状卵形至长椭圆形，顶端钝圆或急尖、短渐尖，基部歪斜、近于圆形，边缘全缘或在幼树上者具稀疏细锯齿。

花：雄性葇荑花序下垂，雄花的苞片、小苞片及花被片均被腺毛；雌性穗状花序通常具1～3（稀为4）雌花。

果：果实近于球状，果核稍具皱曲，有2条纵棱。

122 枫杨

学名：*Pterocarya stenoptera*

科属：胡桃科枫杨属

别名：蜈蚣柳、麻柳

花果期：花期4～5月，果熟期8～9月

生境及产地：产于陕西、河南、山东、安徽、江苏、浙江、江西、福建、台湾、广东、广西、湖南、湖北、四川、贵州、云南。生于海拔1500米以下的沿溪涧河滩、阴湿山坡地的林中

鉴赏要点及应用：本种生长快，株形挺拔，浓荫如盖，园林中多作行道树及风景树使用，孤植、列植效果均佳，也可用作水土保持树种；树皮和枝皮含鞣质，可提取栲胶，亦可作纤维原料，果实可做饲料和酿酒，种子还可榨油。

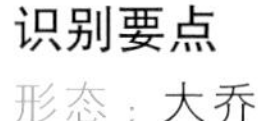

识别要点

形态：大乔木，幼树树皮平滑，浅灰色，老时则深纵裂。

株高：高达30米，胸径达1米。

叶：叶多为偶数或稀奇数羽状复叶，小叶10～16枚（稀6～25枚），对生或稀近对生，长椭圆形至长椭圆状披针形，顶端常钝圆或稀急尖，基部歪斜。

花：雄性葇荑花序，单独生于去年生枝条上叶痕腋内，雄花常具1（稀2或3）枚发育的花被片，雌性葇荑花序顶生。

果：果实长椭圆形，果翅狭，条形或阔条形。

樟科 Lauraceae

123 阴香

学名：*Cinnamomum burmannii*

科属：樟科樟属

别名：山肉桂、大叶樟、香桂

花果期：花期主要在秋、冬季，果期主要在冬末及春季

生境及产地：产于广东、广西、云南及福建。生于海拔100 ~ 1400米疏林、密林或灌丛中。印度，经缅甸和越南至印度尼西亚和菲律宾也有

鉴赏要点及应用：阴香树形美观，冠形圆整，为优良观叶树种，多用作行道树及风景树种；树皮作肉桂皮代用品；其皮、叶、根均可提制芳香油；叶可代替月桂树的叶作为腌菜及肉类罐头的香料；果核亦含脂肪，可榨油供工业用。

识别要点

形态：乔木，树皮光滑，灰褐色至黑褐色，内皮红色，味似肉桂。

株高：高达14米，胸径达30厘米。

叶：叶互生或近对生，稀对生，卵圆形、长圆形至披针形，先端短渐尖，基部宽楔形，革质。

花：圆锥花序腋生或近顶生，比叶短，少花，疏散，密被灰白微柔毛，最末分枝为3花的聚伞花序。花绿白色，花被裂片长圆状卵圆形。

果：果卵球形。

124 樟树

学名： *Cinnamomum camphora*

科属： 樟科樟属

别名： 香樟、樟、樟木

花果期： 花期4～5月，果期8～11月

生境及产地： 产于南方及西南各地。常生于山坡或沟谷中。越南、朝鲜、日本也有

鉴赏要点及应用： 为我国著名的经济树种，也是重要的园林绿化树种之一，植株高大，庇荫效果佳，适合路边、校园、风景区、公园等绿化，孤植、列植均可；木材及根、枝、叶可提取樟脑和樟油，樟脑和樟油供医药及香料工业用；果核含脂肪，含油量约40%，油供工业用；根、果、枝和叶入药；木材可为造船、建筑等材料。

识别要点

形态：常绿大乔木，树冠广卵形；枝、叶及木材均有樟脑气味；树皮黄褐色，有不规则的纵裂。

株高：高可达30米，直径可达3米。

叶：叶互生，卵状椭圆形，先端急尖，基部宽楔形至近圆形，边缘全缘，软骨质，有时呈微波状。

花：圆锥花序腋生，花绿白或带黄色，花被外面无毛或被微柔毛，内面密被短柔毛。

果：果卵球形或近球形，紫黑色。

125 潺槁木姜子

学名：*Litsea glutinosa*

科属：樟科木姜子属

别名：潺槁树、油槁树、胶樟、青野槁

花果期：花期5～6月，果期9～10月

生境及产地：产于广东、广西、福建及云南南部。生于海拔500～1900米山地林缘、溪旁、疏林或灌丛中。越南、菲律宾、印度也有

鉴赏要点及应用：树姿优美，枝叶浓密，庇荫度好，适合庭园列植或孤植欣赏；木材黄褐色，稍坚硬，耐腐，可供家具用材；树皮和木材含胶质，可作黏合剂；种仁榨油供制皂及作硬化油；根皮和叶，民间入药。

识别要点

形态：常绿小乔木或乔木，树皮灰色或灰褐色，内皮有黏质。

株高：高3～15米。

叶：叶互生，倒卵形、倒卵状长圆形或椭圆状披针形，先端钝或圆，基部楔形，钝或近圆，革质。

花：伞形花序生于小枝上部叶腋，单生或几个生于短枝上，每一花序有花数朵，花被不完全或缺。

果：果球形。

玉蕊科 Lecythidaceae

126 纤细玉蕊

学名：*Gustavia gracillima*

科属：玉蕊科纤细玉蕊属

花果期：花期春至夏，果期秋季

生境及产地：产于哥伦比亚。生于低地或沿溪水的雨林

鉴赏要点及应用：花大，极艳丽，为优良的观花植物，可用于庭院、公园、绿地等列植或孤植欣赏，也可盆栽用于阶前绿化。

识别要点

形态：常绿小乔木。

株高：4 ~ 6米。

叶：叶大，长椭圆形，先端尖，基部楔形，近无柄，边缘具细齿，叶脉明显。

花：花顶生，花大，粉红色，雄蕊花丝上部黄色，下部粉红色。

果：果球形，顶部截平。

豆科 Leguminosae

127 大叶相思

学名： *Acacia auriculiformis*

科属： 豆科金合欢属

别名： 耳叶相思

花果期： 花期7 ～ 8月及10 ～ 12月，果期长，12月至翌年5月

生境及产地： 原产于澳大利亚北部及新西兰

鉴赏要点及应用： 生长快，冠形佳，适合用作行道树及风景树，我国用于校园、公园、风景区等处，也是防风及造林的优良树种。

识别要点

形态：常绿乔木，枝条下垂，树皮平滑，灰白色。

株高：可达10米。

叶：叶状柄镰状长圆形，两端渐狭，比较显著的主脉有3 ～ 7条。

花：穗状花序一至数枝簇生于叶腋或枝顶；花橙黄色，花萼顶端浅齿裂，花瓣长圆形。

果：荚果成熟时旋卷，果瓣木质，种子黑色。

128 台湾相思

学名：*Acacia confusa*

科属：豆科金合欢属

别名：相思树、台湾柳、相思仔

花果期：花期3～10月；果期8～12月

生境及产地：产于台湾、福建、广东、广西、云南，野生或栽培。菲律宾、印度尼西亚、斐济亦有

鉴赏要点及应用：本种抗性强，易栽培，株形美观，可用于路边、水岸边等列植观赏，也常用于荒山造林、水土保持和沿海防护林工程；材质坚硬，可做农具等；树皮含单宁；花含芳香油，可作调香原料。

识别要点

形态：常绿乔木，无毛；枝灰色或褐色，无刺。

株高：高6～15米。

叶：苗期第一片真叶为羽状复叶，长大后小叶退化，叶柄变为叶状柄，叶状柄革质，披针形，直或微呈弯镰状，两端渐狭，先端略钝。

花：头状花序球形，单生或2～3个簇生于叶腋，花金黄色，有微香，花瓣淡绿色。

果：荚果扁平，种子2～8颗，椭圆形，压扁。

129 珍珠相思

学名： *Acacia podalyriifolia*

科属： 豆科金合欢属

别名： 昆士兰银条、银叶金合欢

花果期： 花期从12月下旬到翌年3～4月

生境及产地： 原产于澳大利亚昆士兰

鉴赏要点及应用： 株形秀丽，叶色美观，花色艳丽，观赏性极佳，为优良的观花植物，适合墙垣边、滨水处、坡地或庭院中丛植或群植；也可盆栽用于阶前、门侧绿化。

识别要点

形态：常绿灌木至小乔木。

株高：高3～7米。

叶：叶状柄倒卵形，被银白色绒毛。

花：总状花序，由叶腋间伸出，具清香。

果：荚果。

130 海红豆

学名： *Adenanthera pavonina* var. *microsperma*

科属： 豆科海红豆属

别名： 红豆、孔雀豆、相思格

花果期： 花期4～7月，果期7～10月

生境及产地： 产于云南、贵州、广西、广东、福建和台湾。多生于山沟、溪边、林中。缅甸、柬埔寨、老挝、越南、马来西亚、印度尼西亚也有

鉴赏要点及应用： 为著名的风景树种，果实鲜红色，因王维的诗句“红豆生南国，春来发几枝，愿君多采撷，此物最相思”而名声大噪。在南方园林中应用较多，适合公园、绿地、社区等路边，湖畔、草地中种植观赏；心材暗褐色，质坚而耐腐，可用于造船、建筑等；种子鲜红色而光亮，甚为美丽，可作装饰品。

识别要点

形态：落叶乔木，嫩枝被微柔毛。

株高：高5～20余米。

叶：二回羽状复叶；叶柄和叶轴被微柔毛，羽片3～5对，小叶4～7对，互生，长圆形或卵形，两端圆钝。

花：总状花序单生于叶腋或在枝顶排成圆锥花序，花小，白色或黄色，有香味，花瓣披针形。

果：荚果狭长圆形，盘旋，开裂后果瓣旋卷；种子近圆形至椭圆形，鲜红色，有光泽。

131 南洋楹

学名：*Albizia falcataria*

科属：豆科合欢属

花果期：花期4 ~ 6月，果期7 ~ 9月

生境及产地：产于马六甲及印度尼西亚，现广植于各热带地区

鉴赏要点及应用：植株高大，冠形极美，具有热带风情，除用作行道树外，还可孤植于公园、风景区等作风景树或庇荫树；木材用于制作家具、室内建筑板材、箱板等；木材纤维含量高，是造纸、人造丝的优良材料；幼龄树皮含单宁，可提制栲胶。

识别要点

形态：常绿大乔木，树干通直，嫩枝圆柱状或微有棱，被柔毛。

株高：高可达45米。

叶：托叶锥形，早落。羽片6 ~ 20对，上部的通常对生，下部的有时互生；小叶6 ~ 26对，无柄，菱状长圆形，先端急尖，基部圆钝或近截形。

花：穗状花序腋生，单生或数个组成圆锥花序；花初白色，后变黄。

果：荚果带形，熟时开裂；种子多颗。

132 合欢

学名：*Albizia julibrissin*

科属：豆科合欢属

别名：绒花树、马缨花

花果期：花期6～7月，果期8～10月

生境及产地：产于东北至华南及西南部各地，非洲、中亚至东亚均有分布

鉴赏要点及应用：适应性强，生长迅速，花如绒球一般，十分美丽，常用作行道树及风景树；木材用于制家具；嫩叶可食，老叶可以用来洗衣服；树皮供药用，有驱虫之效。

识别要点

形态：落叶乔木，树冠开展，小枝有棱角。

株高：高可达16米。

叶：二回羽状复叶，羽片4～12对，栽培的有时达20对；小叶10～30对，线形至长圆形，向上偏斜，先端有小尖头。

花：头状花序于枝顶排成圆锥花序，花粉红色，花冠裂片三角形。

果：荚果带状。

133 紫穗槐

学名： *Amorpha fruticosa*
科属： 豆科紫穗槐属
别名： 棉槐、紫槐、棉条
花果期： 花果期5 ~ 10月
生境及产地： 原产于美国，现我国栽培广泛

鉴赏要点及应用： 系多年生优良绿肥，蜜源植物，极粗生，可用于河岸边、坡地、荒地等绿化，也是优良的水土保持树种；茎皮可提取栲胶，枝条编制篓筐；果实含芳香油。

识别要点

形态：落叶灌木，丛生，小枝灰褐色，被疏毛。

株高：高1 ~ 4米。

叶：叶互生，奇数羽状复叶，基部有线形托叶；小叶卵形或椭圆形，先端圆形，锐尖或微凹，基部宽楔形或圆形。

花：穗状花序常一至数个顶生和枝端腋生，密被短柔毛，旗瓣心形，紫色，无翼瓣和龙骨瓣。

果：荚果下垂，微弯曲，顶端具小尖，棕褐色。

134 红花羊蹄甲

学名： *Bauhinia blakeana*

科属： 豆科羊蹄甲属

别名： 紫荆花

花果期： 花期全年，3 ~ 4月为盛花期

生境及产地： 首先发现于我国香港地区，现分布于云南、广西、广东、福建、海南等地

鉴赏要点及应用： 株形美观，花大色艳，叶形奇特，为优良的观花植物，是广州及香港主要庭园树种，常用作行道树、庭荫风景树，多列植观赏；为香港市花。常见栽培的同属种有嘉氏羊蹄甲（*Bauhinia galpinii*）、羊蹄甲（*Bauhinia purpurea*）、黄花羊蹄甲（*Bauhinia tomentosa*）、白花羊蹄甲（*Bauhinia variegata* var. *candida*）、宫粉羊蹄甲（*Bauhinia variegata*）等。

识别要点

形态：乔木；分枝多。

株高：高6 ~ 10米。

宫粉羊蹄甲

叶：叶革质，近圆形或阔心形，基部心形，有时近截平，先端2裂约为叶全长的1/4 ~ 1/3，裂片顶钝或狭圆。

花：总状花序顶生或腋生，有时复合成圆锥花序，花大，美丽；花瓣红紫色，具短柄，倒披针形。

果：通常不结果。

羊蹄甲

嘉氏羊蹄甲

135 金凤花

学名：*Caesalpinia pulcherrima*

科属：豆科云实属

别名：洋金凤

花果期：几乎全年

生境及产地：原产于热带美洲

鉴赏要点及应用：开花繁茂，生长快，易管理，常用于庭院的路边、池边、厅廊边、桥边或墙垣边及一隅丛植观赏；盆栽可用于阶前、阳台、天台绿化。

识别要点

形态：灌木或小乔木，枝光滑，绿色或粉绿色，有疏刺。

株高：可达3米。

叶：二回羽状复叶，羽片4 ~ 8对，对生，小叶7 ~ 11对，长圆形或倒卵形，顶端凹缺，有时具短尖头，基部偏斜。

花：总状花序顶生或腋生，近伞房状，花瓣5，橙红色或黄色，花丝红色。

果：荚果，倒披针状长圆形。

136 苏木

学名： *Caesalpinia sappan*

科属： 豆科云实属

别名： 苏枋、苏方木、苏方

花果期： 花期5～10月，果期7月至翌年3月

生境及产地： 云南金沙江河谷和红河河谷有野生分布。印度、缅甸、越南、马来半岛及斯里兰卡也有

鉴赏要点及应用： 习性强健，抗性强，适合庭园的路边、草地边缘或林缘种植观赏，也可用于水土保持工程；心材入药，为清血剂；木材结构细，材质坚重，为细木工用材。

识别要点

形态：小乔木，具疏刺。

株高：高达6米。

叶：二回羽状复叶，羽片7～13对，对生，小叶片纸质，长圆形至长圆状菱形，先端微缺，基部歪斜，以斜角着生于羽轴上。

花：圆锥花序顶生或腋生，苞片大，披针形，早落，花瓣黄色，阔倒卵形。

果：荚果木质，稍压扁，近长圆形至长圆状倒卵形，种子长圆形，稍扁。

137 朱缨花

学名： *Calliandra haematocephala*

科属： 豆科朱缨花属

别名： 美蕊花

花果期： 花期8 ~ 9月；果期10 ~ 11月

生境及产地： 原产于南美，现热带、亚热带地区常有栽培

鉴赏要点及应用： 树姿优美，花大色艳，具有较高的观赏价值，适合公园、校园、社区等路边、湖畔、建筑边栽培，也适合与其他花灌木配植。常见栽培的同属植物有红粉扑花（*Calliandra emarginata*）、苏里南朱樱花（*Calliandra surinamensis*）。

苏里南朱樱花

红粉扑花

识别要点

形态：落叶灌木或小乔木，枝条扩展。

株高：高1 ~ 3米。

叶：二回羽状复叶，羽片1对，小叶7 ~ 9对，斜披针形，中上部的小叶较大，下部的较小，先端钝而具小尖头，基部偏斜。

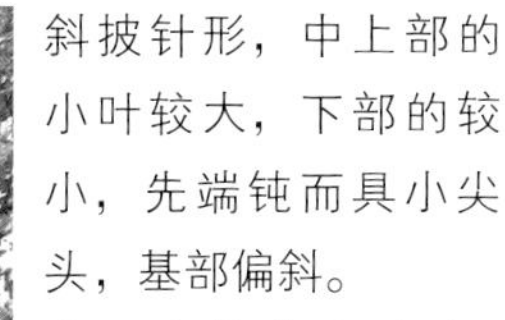

花：头状花序腋生，有花约25 ~ 40朵，花萼钟状，花冠管淡紫红色，顶端具5裂片，裂片反折，雄蕊突露于花冠之外，非常显著，白色，管口内离生的花丝深红色。

果：荚果线状倒披针形，暗棕色。

柠条

138 锦鸡儿

学名：*Caragana sinica*

科属：豆科锦鸡儿属

别名：娘娘袜

花果期：花期4～5月，果期7月

生境及产地：产于河北、河南、陕西、湖北、湖南及华东、华南各地

鉴赏要点及应用：开花时节，满树金黄，可用于市区林缘、路边或建筑物旁，或用于花坛，常与其他花灌木配植，也适合制作盆景；根皮和花入药，有祛风活血、除湿利尿、化痰止咳功能。常见栽培的同属植物有柠条（*Caragana korshinskii*）。

识别要点

形态：灌木，树皮深褐色；小枝有棱，无毛。

株高：高1～2米。

叶：小叶2对，羽状，有时假掌状，上部1对常较下部的为大，厚革质或硬纸质，倒卵形或长圆状倒卵形，先端圆形或微缺，具刺尖或无刺尖，基部楔形或宽楔形。

花：花单生，花萼钟状，基部偏斜；花冠黄色，常带红色。

果：荚果圆筒状。

139 翅荚决明

学名：*Cassia alata*
科属：豆科决明属
别名：翅荚槐
花果期：花期秋至春天
生境及产地：产于美洲热带地区

鉴赏要点及应用：叶大花奇，色泽明快，花期长，观赏价值高，适于丛植于路边、亭廊边或水岸边观赏，也可用于庭院一隅或墙垣边栽培。

识别要点

形态：灌木或小乔木。

株高：高3 ~ 5米。

叶：羽状复叶，互生，小叶8 ~ 12对，小叶长椭圆形或长椭圆状倒卵形，先端钝，极少有凹头状，基部钝而略不对称，厚纸质。

花：总状花序，生于枝顶，花黄色，呈覆瓦状排列。

果：荚果。

140 腊肠树

学名：*Cassia fistula*

科属：豆科决明属

别名：阿勃勒、牛角树、波斯皂荚

花果期：花期6～8月，果期10月

生境及产地：原产于印度、缅甸和斯里兰卡

鉴赏要点及应用：花色金黄，果似腊肠悬垂于枝间，观赏性佳，园林中常用作行道树或风景树；嫩叶、花、荚果的瓤、种子可炒食、做汤等，果肉含有泻药成分，不可多食；木材坚重，耐朽力强，可作桥梁、车辆及农具等用材。

识别要点

形态：落叶小乔木或中等乔木，树皮幼时光滑、灰色，老时粗糙、暗褐色。

株高：高可达15米。

叶：有小叶3～4对，小叶对生，薄革质，阔卵形、卵形或长圆形，顶端短渐尖而钝，基部楔形，边全缘。

花：总状花序疏散，下垂；花与叶同时开放，花瓣黄色，倒卵形，近等大。

果：荚果圆柱形，黑褐色，不开裂。

141 粉花决明

学名：*Cassia nodosa*
科属：豆科决明属
别名：粉花山扁豆、节果决明
花果期：花期5 ~ 6月
生境及产地：分布于夏威夷群岛

鉴赏要点及应用：株形美观，花繁茂，花色雅致，园林中适合路边、草地边缘种植，多作风景树或行道树，孤植于空旷地带景观效果极佳；木材坚硬而重，可作家具用材。

识别要点

形态：乔木；小枝纤细，下垂，薄被灰白色丝状绵毛。

株高：高可达10米或更高。

叶：偶数羽状复叶，有小叶6 ~ 13对；小叶长圆状椭圆形，近革质，顶端圆钝，微凹，边全缘。

花：伞房状总状花序腋生，花瓣深黄色，长卵形。

果：荚果圆筒形，黑褐色，有明显环状节。

142 美丽决明

学名：*Cassia spectabilis*

科属：豆科决明属

花果期：花期3 ~ 4月，果期7 ~ 9月

生境及产地：原产于美洲热带地区。

鉴赏要点及应用：花色金黄，色泽明艳，适合庭园、风景区等用作风景树种，也可植于宅旁、庭前。

识别要点

形态：常绿小乔木，嫩枝密被黄褐色茸毛。

株高：高约5米。

叶：叶互生，具小叶6 ~ 15对；小叶对生，椭圆形或长圆状披针形，顶端短渐尖，具针状短尖，基部阔楔形或稍带圆形，稍偏斜。

花：花组成顶生的圆锥花序或腋生的总状花序；花瓣黄色，有明显的脉，大小不一。

果：荚果长圆筒形。

143 黄槐

学名：*Cassia surattensis*

科属：豆科决明属

别名：黄槐决明

花果期：花果期几全年

生境及产地：原产于印度、斯里兰卡、印度尼西亚、菲律宾和澳大利亚等地，目前世界各地均有栽培

鉴赏要点及应用：花色金黄，花期长，有较高的观赏价值，常用于公园、绿地等路边、池畔或庭前绿化；也可作绿篱。

识别要点

形态：灌木或小乔木，分枝多，小枝有肋条。

株高：高5 ~ 7米。

叶：小叶7 ~ 9对，长椭圆形或卵形，下面粉白色，被疏散、紧贴的长柔毛，边全缘。

花：总状花序生于枝条上部的叶腋内；苞片卵状长圆形，外被微柔毛，花瓣鲜黄至深黄色，卵形至倒卵形。

果：荚果扁平，带状，开裂。

144 紫荆

学名：*Cercis chinensis*

科属：豆科紫荆属

别名：裸枝树、紫珠

花果期：花期3～4月，果期8～10月

生境及产地：产于我国很多地区，北至河北，南至广东、广西，西至云南、四川，西北至陕西，东至浙江、江苏和山东等地

鉴赏要点及应用：先花后叶，开花时繁花满树，极为艳丽；适合丛植、列植于庭院、公园的路边、山石边、湖畔或庭前等处观赏，也可作背景材料；树皮可入药，有清热解毒，活血行气，消肿止痛之功效；花可治风湿筋骨痛。

识别要点

形态：丛生或单生灌木，树皮和小枝灰白色。

株高：高2～5米。

叶：叶纸质，近圆形或三角状圆形，宽与长相若或宽略短于长，先端急尖，基部浅至深心形，嫩叶绿色，仅叶柄略带紫色。

花：花紫红色或粉红色，2～10余朵成束，簇生于老枝和主干上，龙骨瓣基部具深紫色斑纹。

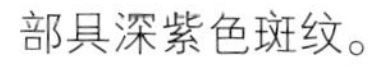

果：荚果扁狭长形，绿色，种子阔长圆形，黑褐色。

145 凤凰木

学名： *Delonix regia*

科属： 豆科凤凰木属

别名： 凤凰花、红花楹、火树

花果期： 花期6 ~ 7月，果期8 ~ 10月

生境及产地： 原产于马达加斯加，世界热带地区常栽种

鉴赏要点及应用： 株形美观，冠形佳，花色艳丽，园林中常用作行道树或风景树，也是优良的庭荫树种，在南方普遍栽培；树脂能溶于水，用于工业；木材轻软，富有弹性和特殊木纹，可做小型家具和工业原料；种子有毒，忌食。

识别要点

形态：高大落叶乔木，无刺，树皮粗糙，灰褐色；树冠扁圆形，分枝多而开展。

株高：高达20余米，胸径可达1米。

叶：叶为二回偶数羽状复叶，羽片对生，15 ~ 20对，小叶25对，密集对生，长圆形，先端钝，基部偏斜，边全缘。

花：伞房状总状花序顶生或腋生，花大而美丽，鲜红至橙红色，花瓣5，匙形，红色，具黄及白色花斑，开花后向花萼反卷。

果：荚果带形，扁平，成熟时黑褐色。

146 龙牙花

学名：*Erythrina corallodendron*

科属：豆科刺桐属

别名：象牙红、珊瑚树、珊瑚刺桐

花果期：花期6～11月

生境及产地：原产于南美洲

鉴赏要点及应用：花序大，花奇特艳丽，常用作风景树栽培观赏。材质软，可代软木做木栓；树皮入药，具有麻醉、镇静作用。

识别要点

形态：灌木或小乔木，干和枝条散生皮刺。

株高：高3 ～ 5米。

叶：羽状复叶具3小叶；小叶菱状卵形，先端渐尖而钝或尾状，基部宽楔形。

花：总状花序腋生，长可达30厘米以上；花深红色，与花序轴成直角或稍下弯，旗瓣长椭圆形，先端微缺。

果：荚果，种子多颗，深红色，有一黑斑。

147 鸡冠刺桐

学名：*Erythrina crista-galli*

科属：豆科刺桐属

花果期：花期春季

生境及产地：原产于巴西

鉴赏要点及应用： 株形美观，花序大，花量大，色泽艳丽，是近年来园林中大量应用的观花小乔木，常植于路边、草地边缘或池畔观赏。

识别要点

形态：落叶灌木或小乔木，茎和叶柄稍具皮刺。

株高：高2 ~ 4米。

叶：羽状复叶具3小叶；小叶长卵形或披针状长椭圆形，先端钝，基部近圆形。

花：花与叶同出，总状花序顶生，每节有花1 ~ 3朵；花深红色，稍下垂或与花序轴成直角，花萼钟状，先端二浅裂。

果：荚果，种子间缢缩；种子大，亮褐色。

148 刺桐

学名：*Erythrina variegata*

科属：豆科刺桐属

花果期：花期3月，果期8月

生境及产地：原产于印度至大洋洲海岸林中。马来西亚、印度尼西亚、柬埔寨、老挝、越南亦有分布

鉴赏要点及应用：株形美观，花大色艳，为岭南及西南地区常见栽培的观赏植物，可用于庭院、公园、校园、风景区等作行道树或风景树；树皮或根皮入药，称海桐皮，具有祛风湿、舒筋通络的功效。栽培的同属种有纳塔尔刺桐（*Erythrina humeana*）、劲直刺桐（*Erythrina stricta*）等。

识别要点

形态：大乔木，树皮灰褐色。

株高：高可达20米。

叶：羽状复叶具3小叶，常密集枝端；小叶膜质，宽卵形或菱状卵形，先端渐尖而钝，基部宽楔形或截形。

花：总状花序顶生，上有密集、成对着生的花；花冠红色，旗瓣椭圆形，先端圆，瓣柄短，翼瓣与龙骨瓣近等长。

果：荚果黑色，肥厚，种子间略缢缩。

149 格木

学名：*Erythrophleum fordii*

科属：豆科格木属

别名：斗登风、孤坟柴、赤叶柴

花果期：花期5 ~ 6月，果期8 ~ 10月

生境及产地：产于广西、广东、福建、台湾、浙江等地。生于山地密林或疏林中。越南也有

鉴赏要点及应用：株形美观，浓荫如盖，花繁密，有较强的观赏性，适合孤植或列植于公园、风景区、校园等草地边缘或一隅作风景树种；木材坚硬光亮，可用于造船及房屋建筑；树皮含生物碱，用于毒鱼和做箭毒。

识别要点

形态：乔木。

株高：通常高约10米，有时可达30米。

叶：叶互生，二回羽状复叶，羽片通常3对，对生或近对生，每羽片有小叶8 ~ 12片；小叶互生，卵形或卵状椭圆形，先端渐尖，基部圆形，两侧不对称，边全缘。

花：由穗状花序所排成的圆锥花序，花瓣5，淡黄绿色，倒披针形。

果：荚果长圆形，扁平，厚革质，种子长圆形。

150 皂荚

学名：*Gleditsia sinensis*

科属：豆科皂荚属

别名：皂角

花果期：花期3～5月，果期5～12月

生境及产地：产于河北、山东、河南、山西、陕西、甘肃、江苏、安徽、浙江、江西、湖南、湖北、福建、广东、广西、四川、贵州、云南等地。生于平地至2500米山坡林中或谷地、路旁

鉴赏要点及应用：习性强健，冠形佳，果实及茎刺可供观赏，适合公园、绿地等孤植欣赏；材质坚硬，为车辆、家具用材；嫩芽油盐调食，其子煮熟糖渍可食；荚、子、刺均入药。

识别要点

形态：落叶乔木或小乔木，枝灰色至深褐色；刺粗壮，圆柱形，多呈圆锥状。

株高：高可达30米。

叶：叶为一回羽状复叶，纸质，卵状披针形至长圆形，先端急尖或渐尖，顶端圆钝，基部圆形或楔形，有时稍歪斜，边缘具细锯齿。

花：花杂性，黄白色，组成总状花序。

果：荚果带状。

151 金链花

学名：*Laburnum anagyroides*

科属：豆科毒豆属

别名：毒豆

花果期：花期4～6月，果期8月

生境及产地：原产于欧洲南部，我国东北、西北有栽培

鉴赏要点及应用：本种树冠端正整齐，花金黄色，甚美丽，为著名观花植物，适合庭园路边、角隅孤植或列植；木材坚韧，供家具和工具用；全株有毒，尤以果实和种子为甚。

识别要点

形态：小乔木，嫩枝被黄色贴伏毛，老枝褐色，光滑。

株高：高2～5米。

叶：三出复叶，具长柄，小叶椭圆形至长圆状椭圆形，纸质，先端钝圆，具细尖，基部阔楔形。

花：总状花序顶生，下垂，花冠黄色。

果：荚果线形。

152 仪花

学名：*Lysidice rhodostegia*

科属：豆科仪花属

别名：单刀根

花果期：花期6～8月，果期9～11月

生境及产地：产于广东、广西和云南。生于海拔1000米以下的山地丛林中，常见于灌木丛、路旁与山谷溪边

鉴赏要点及应用：花繁叶茂，极美丽，可用于公园、绿地等作风景树或行道树，也适合庭院种植观赏；材质坚硬，是优良的建筑用材；根、茎、叶入药，具有散瘀消肿、止血止痛的功效。

识别要点

形态：灌木或小乔木。

株高：高2～5米，很少超过10米。

叶：小叶3～5对，纸质，长椭圆形或卵状披针形，先端尾状渐尖，基部圆钝。

花：圆锥花序，花瓣紫红色，阔倒卵形。

果：荚果倒卵状长圆形，种子长圆形，褐红色。

153 海南红豆

学名： *Ormosia pinnata*

科属： 豆科红豆属

别名： 大萼红豆、羽叶红豆、鸭公青

花果期： 花期7～8月，早熟期11月至翌年1月

生境及产地： 产于广东、海南、广西。生于中海拔及低海拔的山谷、山坡、路旁森林中

鉴赏要点及应用： 冠形圆整，庇荫度好，可用于公园、校园、小区等作行道树、园景树等；材质稍软，易加工，可作一般家具、建筑用材。

识别要点

形态：常绿乔木或灌木，树皮灰色或灰黑色。

株高：高3～18米，稀达25米，胸径30厘米。

叶：奇数羽状复叶，小叶3（稀为4）对，薄革质，披针形，先端钝或渐尖，两面均无毛。

花：圆锥花序顶生，花冠粉红色而带黄白色，各瓣均具柄。

果：荚果有种子1～4粒，种子椭圆形。

154 毛洋槐

学名：*Robinia hispida*

科属：豆科刺槐属

别名：毛刺槐

花果期：花期5～6月，果期7～10月

生境及产地：原产于北美

鉴赏要点及应用：花大色美，观赏性极佳，可孤植、丛植于庭院、公园、校园、小区等路边欣赏，盆栽适合天台、阶前等绿化。

识别要点

形态：落叶灌木，幼枝绿色，密被紫红色硬腺毛及白色曲柔毛。

株高：高1～3米。

叶：羽状复叶，小叶5～7（稀为8）对，椭圆形、卵形、阔卵形至近圆形，通常叶轴下部1对小叶最小，两端圆，先端芒尖。

花：总状花序腋生，花3～8朵，花萼紫红色，斜钟形，花冠红色至玫瑰红色，花瓣具柄，旗瓣近肾形。

果：荚果线形，扁平。

155 刺槐

学名：*Robinia pseudoacacia*
科属：豆科刺槐属
别名：洋槐
花果期：花期4 ~ 6月，果期8 ~ 9月
生境及产地：原产于美国东部

鉴赏要点及应用：植株高大，叶色鲜绿，花色素雅，多用作行道树及庭荫树种，也可用于工矿区绿化及荒山荒地绿化或水土保持工程；材质硬重，抗腐耐磨，宜作建筑等用材；优良的蜜源植物。常见栽培的变种有紫花洋槐（*Robinia pseudoacacia* var. *decaisneana*）。

识别要点

形态：落叶乔木，树皮灰褐色至黑褐色，浅裂至深纵裂，稀光滑。

株高：高10 ~ 25米。

叶：羽状复叶，小叶2 ~ 12对，常对生，椭圆形、长椭圆形或卵形，先端圆，微凹，具小尖头，基部圆至阔楔形，全缘。

花：总状花序腋生，下垂，花多数，芳香，花冠白色，各瓣均具瓣柄。

果：荚果褐色，或具红褐色斑纹，线状长圆形，种子褐色至黑褐色，微具光泽。

156 雨树

学名：*Samanea saman*

科属：豆科雨树属

花果期：花期8 ~ 9月

生境及产地：原产于热带美洲，现广植于全世界热带地区

鉴赏要点及应用：冠形优美，庇荫效果好，为著名的庭荫树种及风景树种，适合草坪、路边孤植或列植观赏；果味甜，牛喜食；叶可作饲料。

识别要点

形态：无刺大乔木；树冠极广展，分枝甚低。

株高：干高10 ~ 25米。

叶：羽片3 ~ 5（稀为6）对，小叶3 ~ 8对，由上往下逐渐变小，斜长圆形，上面光亮，下面被短柔毛。

花：花玫瑰红色，组成单生或簇生的头状花序，生于叶腋。

果：荚果长圆形，直或稍弯，不裂，无柄，通常扁压。

157 无忧花

学名：*Saraca declinata*

科属：豆科无忧花属

别名：火焰花

花果期：花期4 ~ 5月，果期7 ~ 10月

生境及产地：产于云南东南部至广西西南部、南部和东南部。生于海拔200 ~ 1000米的密林或疏林中，常见于河流或溪谷两旁。越南、老挝也有

中国无忧花

印度无忧花

鉴赏要点及应用：株形美观，花色艳丽，盛花时节，如团团火焰，灿烂夺目，常孤植或列植于草地中、路边等处欣赏；本种可放养紫胶虫，且是一优良的紫胶虫寄主；树皮入药，可治风湿和月经过多。常见栽培的同属植物有中国无忧花（*Saraca dives*）、印度无忧花（*Saraca indica*）。

识别要点

形态：乔木。

株高：高5 ~ 20米，胸径达25厘米。

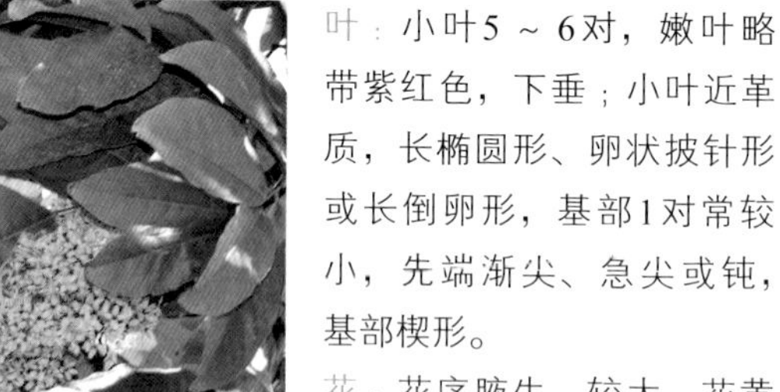

叶：小叶5 ~ 6对，嫩叶略带紫红色，下垂；小叶近革质，长椭圆形、卵状披针形或长倒卵形，基部1对常较小，先端渐尖、急尖或钝，基部楔形。

花：花序腋生，较大，花黄色，两性或单性。

果：荚果棕褐色，扁平。

158 大花田菁

学名：*Sesbania grandiflora*

科属：豆科田菁属

别名：木田青、红蝴蝶

花果期：花期9月至翌年4月

生境及产地：分布于巴基斯坦、印度、孟加拉、中南半岛、菲律宾、毛里求斯

鉴赏要点及应用：花大美丽，适合公园、绿地、校园、庭院等栽培观赏，列植、群植效果均佳；叶、花嫩时可食用；树皮入药为收敛剂；内皮可提取优质纤维。

识别要点

形态：小乔木，枝斜展，圆柱形。

株高：高4 ~ 10米，胸径达25厘米。

叶：羽状复叶，小叶10 ~ 30对，长圆形至长椭圆形，叶轴中部小叶较两端者大，先端圆钝至微凹，有小突尖，基部圆形至阔楔形。

花：总状花序具2 ~ 4花，花大，在花蕾时显著呈镰状弯曲，花冠白色、粉红色至玫瑰红色，旗瓣长圆状倒卵形至阔卵形，翼瓣镰状长卵形，不对称，龙骨瓣弯曲。

果：荚果线形，稍弯曲，下垂。

159 槐

学名：*Sophora japonica*

科属：豆科槐属

别名：槐花木、槐花树、豆槐

花果期：花期7 ~ 8月，果期8 ~ 10月

生境及产地：原产于中国，南北各地广泛栽培。日本、朝鲜、越南也有

鉴赏要点及应用：冠形优美，花芳香，园林中常用于作行道树、风景树或庭荫树；花可食，多用作辅料，用来煲汤、煮肉或作糕饼，嫩叶可炒食，种子炒后代茶；木材供建筑用。常见栽培的变种有龙爪槐（*Sophora japonica* var. *japonica* f. *pendula*）。

识别要点

形态：乔木，树皮灰褐色，具纵裂纹。

株高：高达25米。

叶：羽状复叶，小叶4 ~ 7对，对生或近互生，纸质，卵状披针形或卵状长圆形，先端渐尖，具小尖头，基部宽楔形或近圆形，稍偏斜。

花：圆锥花序顶生，常呈金字塔形，花冠白色或淡黄色，旗瓣近圆形，翼瓣卵状长圆形，龙骨瓣阔卵状长圆形。

果：荚果串珠状，种子间缢缩不明显，种子卵球形，淡黄绿色。

龙爪槐

百合科 Liliaceae

160 朱蕉

学名：*Cordyline fruticosa*

科属：百合科朱蕉属

别名：铁树

花果期：花期11月至次年3月

生境及产地：原产地不详，今广泛栽种于亚洲温暖地区

鉴赏要点及应用：习性强健，株形美观，为我国常见栽培的观叶植物，栽培品种繁多，园林中多用于路边、草地边缘或庭前栽培。大型盆栽用于厅堂或阶前美化；广西民间曾用于治咯血、尿血及菌痢等症。

识别要点

形态：灌木状，直立，茎粗1 ~ 3厘米，有时稍分枝。

株高：高1 ~ 3米。

叶：叶聚生于茎或枝的上端，矩圆形至矩圆状披针形，绿色或带紫红色，叶柄有槽，基部变宽，抱茎。

花：圆锥花序，侧枝基部有大的苞片，每朵花有3枚苞片；花淡红色、青紫色至黄色。

果：浆果圆球形。

161 山海带

学名：*Dracaena cambodiana*

科属：百合科龙血树属

别名：海南龙血树、小花龙血树

花果期：花期7月

生境及产地：产于海南。生于林中或干燥沙壤土上。越南、柬埔寨也有

鉴赏要点及应用：株形古朴美观，叶形飘逸，适合公园、绿地等植于山石边、园路边或庭前观赏，盆栽用于阳台、客厅及会议室等美化。

识别要点

形态：乔木状，茎分枝或不分枝，树皮带灰褐色。

株高：高3 ~ 4米。

叶：叶聚生于茎、枝顶端，几乎互相套叠，剑形，薄革质。

花：圆锥花序，花每3 ~ 7朵簇生，绿白色或淡黄色。

果：浆果直径约1厘米。

马钱科 Loganiaceae

102 大叶醉鱼草

学名： *Buddleja davidii*

科属： 马钱科醉鱼草属

别名： 绛花醉鱼草

花果期： 花期5 ~ 10月，果期9 ~ 12月

生境及产地： 产于陕西、甘肃、江苏、浙江、江西、湖北、湖南、广东、广西、四川、贵州、云南和西藏等地。生于海拔800 ~ 3000米山坡、沟边灌木丛中。日本也有

鉴赏要点及应用： 枝条柔软多姿，花大美丽，具芳香，是优良的庭园观赏植物，适合路边、庭前、角隅栽培观赏。全株供药用，花可提制芳香油。

识别要点

形态：灌木，小枝外展而下弯，略呈四棱形。

株高：高1 ~ 5米。

叶：叶对生，叶片膜质至薄纸质，狭卵形、狭椭圆形至卵状披针形，稀宽卵形，顶端渐尖，基部宽楔形至钝，边缘具细锯齿。

花：总状或圆锥状聚伞花序，顶生，花冠淡紫色，后变黄白色至白色，喉部橙黄色，芳香。

果：蒴果狭椭圆形或狭卵形。

163 灰莉

学名： *Fagraea ceilanica*

科属： 马钱科灰莉属

别名： 鲤鱼胆、灰刺木、箐黄果

花果期： 花期4 ~ 8月，果期7月至翌年3月

生境及产地： 产于台湾、海南、广东、广西和云南。生于海拔500 ~ 1800米山地密林中或石灰岩地区阔叶林中。印度、斯里兰卡、缅甸、泰国、老挝也有。

鉴赏要点及应用： 习性强健，易栽培，花叶均有较高的观赏价值，多用于公园、绿地、小区、校园等路边、草地边缘、墙垣边栽培观赏，也是做绿篱的优良材料；盆栽用于厅堂、居室、门廊、阶前等绿化。

识别要点

形态：乔木，有时附生于其他树上呈攀缘状灌木。

株高：高达15米。

叶：叶片稍肉质，椭圆形、卵形、倒卵形或长圆形，有时长圆状披针形，顶端渐尖、急尖或圆而有小尖头，基部楔形或宽楔形。

花：花单生或组成顶生二歧聚伞花序，花冠漏斗状，质薄，稍带肉质，白色，芳香。

果：浆果卵状或近圆球状，顶端有尖喙，淡绿色，有光泽。

千屈菜科 Lythraceae

164 紫薇

学名：*Lagerstroemia indica*

科属：千屈菜科紫薇属

别名：痒痒花、痒痒树、百日红

花果期：花期6～9月，果期9～12月

生境及产地：原产于亚洲，现广植于热带地区

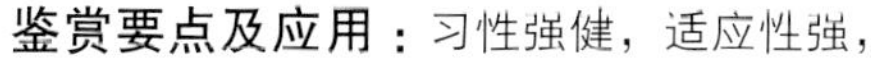

鉴赏要点及应用：习性强健，适应性强，花色鲜艳美丽，花期长，园林中常植于园路边、山石边、湖畔等处，丛植或散植，盆栽可用于阶前、厅堂绿化；木材可做家具；树皮、叶及花为强泻剂，根和树皮煎剂可治咯血、吐血、便血。

识别要点

形态：落叶灌木或小乔木，树皮平滑，灰色或灰褐色；枝干多扭曲，小枝纤细。

株高：高可达7米。

叶：叶互生或有时对生，纸质，椭圆形、阔矩圆形或倒卵形，顶端短尖或钝形，有时微凹，基部阔楔形或近圆形。

花：花淡红色或紫色、白色，常组成7～20厘米的顶生圆锥花序，花瓣6，皱缩。

果：蒴果椭圆状球形或阔椭圆形，幼时绿色至黄色，成熟或干燥时呈紫黑色。

165 大花紫薇

学名：*Lagerstroemia speciosa*

科属：千屈菜科紫薇属

别名：大叶紫薇

花果期：花期5 ~ 7月，果期10 ~ 11月

生境及产地：分布于斯里兰卡、印度、马来西亚、越南及菲律宾

鉴赏要点及应用：花大色艳，花期长，极美丽，可用于庭院、社区及公园等孤植或列植观赏，也可作行道树；木材坚硬，耐腐力强，色红而亮，常用于家具、桥梁及建筑等；树皮及叶可作泻药；种子具有麻醉性；根含单宁，可作收敛剂。

识别要点

形态：大乔木，树皮灰色，平滑。

株高：高可达25米。

叶：叶革质，矩圆状椭圆形或卵状椭圆形，稀披针形，甚大，顶端钝形或短尖，基部阔楔形至圆形。

花：花淡红色或紫色，顶生圆锥花序，花瓣6，近圆形至矩圆状倒卵形。

果：蒴果球形至倒卵状矩圆形，种子多数。

166 虾子花

学名：*Woodfordia fruticosa*

科属：千屈菜科虾子花属

别名：吴福花

花果期：花期春季

生境及产地：产于广东、广西及云南。常生于山坡路旁。越南、缅甸、印度、斯里兰卡、印度尼西亚及马达加斯加也有

鉴赏要点及应用：花形别致，花萼红色而美丽，极似一个个虾仔附于枝干上，有较强的观赏性，适合庭院、公园的路边、池畔或山石边丛植观赏；全株含鞣质，可提制栲胶；干燥花用于治痢疾，也用于治肝病、烫伤和痔疮。

识别要点

形态：灌木，有长而披散的分枝。

株高：高3 ~ 5米。

叶：叶对生，近革质，披针形或卵状披针形，顶端渐尖，基部圆形或心形。

花：1 ~ 15花组成短聚伞状圆锥花序，萼筒花瓶状，鲜红色，花瓣小而薄，淡黄色，线状披针形。

果：蒴果膜质，线状长椭圆形，种子甚小，卵状或圆锥形，红棕色。

167 披针叶茴香

学名： *Illicium lanceolatum*

科属： 木兰科八角属

别名： 莽草、红毒茴

花果期： 花期4 ~ 6月，果期8 ~ 10月

生境及产地： 产于江苏南部、安徽、浙江、江西、福建、湖北、湖南、贵州。生于海拔300 ~ 1500米的阴湿峡谷和溪流沿岸

鉴赏要点及应用： 花美丽，可植于路边、墙垣等处观赏；果和叶有强烈香气，可提芳香油；根和根皮有毒，入药；种子有毒，浸出液可杀虫，作土农药。

识别要点

形态：灌木或小乔木，枝条纤细，树皮浅灰色至灰褐色。

株高：高3 ~ 10米。

叶：叶互生或稀疏地簇生于小枝近顶端或排成假轮生，革质，披针形、倒披针形或倒卵状椭圆形，先端尾尖或渐尖、基部窄楔形。

花：花腋生或近顶生，单生或2 ~ 3朵聚生，红色、深红色；花被片10 ~ 15，肉质。

果：蓇葖10 ~ 14枚（少有9）轮状排列。

168 鹅掌楸

学名：*Liriodendron chinense*

科属：木兰科鹅掌楸属

花果期：花期5月，果期9～10月

生境及产地：产于陕西、安徽、浙江、江西、福建、湖北、湖南、广西、四川、贵州、云南。生于海拔900～1000米的山地林中。越南北部也有

鉴赏要点及应用：树干挺直，树冠优美，叶形奇特古雅，花大美丽，为世界最珍贵的树种。可用作庭园风景树或行道树，孤植、列植均佳。木材可用于建筑、造船、家具、细木工；叶和树皮入药。

识别要点

形态：乔木，小枝灰色或灰褐色。

株高：高达40米，胸径1米以上。

叶：叶马褂状，近基部每边具1侧裂片，先端具2浅裂，下面苍白色。

花：花杯状，花被片9，外轮3片绿色，萼片状，向外弯垂，内两轮6片、直立，花瓣状、倒卵形，具黄色纵条纹。

果：聚合果。

169 北美鹅掌楸

学名：*Liriodendron tulipifera*

科属：木兰科鹅掌楸属

花果期：花期5月，果期9～10月

生境及产地：原产于北美东南部

鉴赏要点及应用：冠形美，花及叶供观赏，为优良的庭园树种，常用作风景树及行道树。材质优良，为重要用材树种。

识别要点

形态：乔木，树皮深纵裂，小枝褐色或紫褐色，常带白粉。

株高：原产地高可达60米，胸径3.5米。

叶：叶片近基部每边具2侧裂片，先端2浅裂。

花：花杯状，花被片9，外轮3片绿色，萼片状，向外弯垂，内两轮6片，灰绿色，直立，花瓣状、卵形，近基部有一不规则的黄色带。

果：聚合果。长约7厘米、具翅的小坚果淡褐色，长约5毫米，顶端急尖、下部的小坚果常宿存过冬。

170 夜合

学名：*Magnolia coco*
科属：木兰科木兰属
别名：夜香木兰、夜合花
花果期：花期夏季，在广州几乎全年持续开花，果期秋季
生境及产地：产于浙江、福建、台湾、广东、广西、云南。生于海拔600 ~ 900米的湿润肥沃土壤林下。越南也有

鉴赏要点及应用：枝叶浓绿，花朵洁白芳香，为我国著名的庭院观赏树种，多用于庭院、公园、校园等栽种于路边、亭廊边、庭前、池畔或一隅等处观赏；花可提取香精，亦有掺入茶叶内作熏香剂；根皮入药，能散瘀除湿，治风湿跌打，花治淋浊带下。

识别要点

形态：常绿灌木或小乔木，树皮灰色，小枝绿色，平滑。

株高：高2 ~ 4米。

叶：叶革质，椭圆形、狭椭圆形或倒卵状椭圆形，先端长渐尖，基部楔形。

花：花圆球形，花被片9，肉质，倒卵形，外面的3片带绿色，内两轮纯白色。

果：聚合果，蓇葖近木质，种子卵圆形。

171 玉兰

学名：*Magnolia denudata*

科属：木兰科木兰属

别名：木兰、玉堂春、白玉兰

花果期：花期2 ~ 3月，果期8 ~ 9月

生境及产地：产于江西、浙江、湖南、贵州。生于海拔 500 ~ 1000米的林中

鉴赏要点及应用：早春白花满树，素雅芳香，为驰名中外的庭园观赏树种，列植、孤植效果均佳；材质优良，供家具、图板、细木工等用；花蕾入药；花含芳香油，可提取配制香精或制浸膏；花被片食用或用以熏茶；种子榨油供工业用。常见栽培的同属植物有紫玉兰（*Magnolia liliflora*）。

识别要点

形态：落叶乔木，枝广展形成宽阔的树冠。

株高：高达25米，胸径1米。

叶：叶纸质，倒卵形、宽倒卵形或倒卵状椭圆形，基部徒长枝叶椭圆形，先端宽圆、平截或稍凹，具短突尖。

花：花蕾卵圆形，花先叶开放，直立，芳香，花被片9片，白色，基部常带粉红色，近相似，长圆状倒卵形。

果：聚合果圆柱形，种子心形，侧扁。

紫玉兰

172 荷花玉兰

学名：*Magnolia grandiflora*

科属：木兰科木兰属

别名：洋玉兰、广玉兰

花果期：花期5～6月，果期9～10月

生境及产地：原产于北美洲东南部

鉴赏要点及应用：花大洁白，香气浓郁，多用于公园、小区、风景区等作风景树种、行道树或庭荫树；对二氧化硫、氯气、氟化氢等有毒气体抗性较强；木材黄白色，材质坚重，可作装饰材用；叶、幼枝和花可提取芳香油；花制浸膏用；叶入药治高血压；种子可榨油。

识别要点

形态：常绿乔木，树皮淡褐色或灰色，薄鳞片状开裂。

株高：在原产地高达30米。

叶：叶厚革质，椭圆形，长圆状椭圆形或倒卵状椭圆形，先端钝或短钝尖，基部楔形。

花：花白色，有芳香，花被片9～12，厚肉质，倒卵形。

果：蓇葖背裂，背面圆，顶端外侧具长喙；种子近卵圆形或卵形。

173 二乔木兰

学名： *Magnolia soulangeana*

科属： 木兰科木兰属

花果期： 花期2 ~ 3月，果期9 ~ 10月。

生境及产地： 本种是玉兰与辛夷的杂交种。

鉴赏要点及应用： 花大，具芳香；可用于公园、绿地和庭园的路边、草地种植，孤植、群植均可，切花是优良的插花花材；树皮、叶、花均可提取芳香浸膏。

识别要点

形态：小乔木，小枝无毛。

株高：高6 ~ 10米。

叶：叶纸质，倒卵形，先端短急尖，2/3以下渐狭成楔形。

花：花蕾卵圆形，花先叶开放，浅红色至深红色，花被片6 ~ 9，外轮3片花被片常较短，约为内轮长的2/3。

果：聚合果，蓇葖卵圆形或倒卵圆形，熟时黑色，种子深褐色。

174 白兰

学名：*Michelia alba*

科属：木兰科含笑属

别名：白兰花、白玉兰

花果期：花期4～9月，夏季盛开，通常不结实

生境及产地：原产于印度尼西亚，现广植于东南亚。

鉴赏要点及应用：花朵洁白清香，为著名的香花树种，在南方常见栽培，多见于公园、绿地、庭院中，常用作行道树或风景树；花可提取香精或用于熏茶；根皮入药，可治便秘。常见栽培的同属植物有黄兰（*Michelia champaca*）。

识别要点

形态：常绿乔木，枝广展，树皮灰色。

株高：高达17米。

叶：叶薄革质，长椭圆形或披针状椭圆形，先端长渐尖或尾状渐尖，基部楔形。

花：花白色，极香；花被片10片，披针形。

果：聚合果；蓇葖熟时鲜红色。

黄兰

175 乐昌含笑

学名：*Michelia chapensis*

科属：木兰科含笑属

花果期：花期3～4月，果期8～9月

生境及产地：产于江西、湖南、广东、广西。生于海拔500～1500米的山地林间。越南也有

鉴赏要点及应用：树干挺拔，株形美观，庇荫度佳，可用于公园、庭院、校园等栽培，可孤植于庭前、草地中，也可列植于路边观赏。

识别要点

形态：乔木，树皮灰色至深褐色。

株高：高15～30米，胸径1米。

叶：叶薄革质，倒卵形，狭倒卵形或长圆状倒卵形，先端骤狭短渐尖，或短渐尖，尖头钝，基部楔形或阔楔形。

花：花被片淡黄色，6片，芳香，2轮，外轮倒卵状椭圆形，内轮较狭。

果：聚合果，蓇葖长圆形或卵圆形，种子红色，卵形或长圆状卵圆形。

176 含笑

学名：*Michelia figo*

科属：木兰科含笑属

别名：含笑花

花果期：花期3～5月，果期7～8月

生境及产地：产于华南南部各地。生于阴坡杂木林中

鉴赏要点及应用：花姿优美，具清香，为著名的芳香树种，适合庭院、墙垣边、水畔等群植或孤植欣赏，也可盆栽用于阳台、卧室等装饰；花瓣可用于熏茶，也可提取芳香油。常见栽培的同属植物有紫花含笑（*Michelia crassipes*）。

识别要点

形态：常绿灌木，树皮灰褐色，分枝繁密。

株高：高2～3米。

叶：叶革质，狭椭圆形或倒卵状椭圆形，先端钝短尖，基部楔形或阔楔形。

花：花直立，淡黄色而边缘有时红色或紫色，具甜浓的芳香，花被片6，肉质，较肥厚。

果：聚合果，蓇葖卵圆形或球形，顶端有短尖的喙。

紫花含笑

177 观光木

学名：*Michelia odora*

科属：木兰科含笑属

花果期：花期3月，果期10 ~ 12月

生境及产地：产于江西、福建、广东、海南、广西、云南。生于海拔500 ~ 1000米的岩山地常绿阔叶林中

鉴赏要点及应用：树干挺直，树冠宽广，枝叶稠密，花色美丽而芳香，供公园、庭院、校园等作观赏及行道树种；花可提取芳香油；种子可榨油。

识别要点

形态：常绿乔木，树皮淡灰褐色，具深皱纹。

株高：高达25米。

叶：叶片厚膜质，倒卵状椭圆形，中上部较宽，顶端急尖或钝，基部楔形，上面绿色，有光泽。

花：花蕾的佛焰苞状苞片一侧开裂，芳香；花被片象牙黄色，有红色小斑点，狭倒卵状椭圆形，外轮的最大。

果：聚合果长椭圆形，有时上部的心皮退化而呈球形，外果皮榄绿色，种子椭圆形或三角状倒卵圆形。

金虎尾科 Malpighiaceae

178 金英

学名：*Thryallis gracilis*

科属：金虎尾科金英属

花果期：花期8～9月，果期10～11月

生境及产地：原产于美洲热带地区，现广泛栽培于其他热带地区

鉴赏要点及应用：株形小巧，易栽培，花金黄美丽，适合公园、绿地或庭院栽培观赏，盆栽可用于阳台、天台绿化。

识别要点

形态：灌木，枝柔弱，淡褐色。

株高：高1～2米。

叶：叶对生，膜质，长圆形或椭圆状长圆形，先端钝或圆形，具短尖，基部楔形。

花：总状花序顶生，花瓣黄色，长圆状椭圆形。

果：蒴果球形。

179 红叶槿

学名：*Hibiscus acetosella*

科属：锦葵科木槿属

别名：紫叶槿

花果期：夏至秋

生境及产地：原产于热带非洲

鉴赏要点及应用： 花叶均具有较高的观赏价值，适合与其他花灌木配植，适合园路边、草地中群植欣赏，盆栽可用于阳台、卧室、书房或天台绿化。

识别要点

形态：常绿灌木。全株暗紫红色，枝条直立。

株高：株高1 ~ 3米。

叶：叶互生，轮廓近宽卵形，掌状3 ~ 5裂或深裂，裂片边缘有波状疏齿。

花：花单生于枝条上部叶腋，花冠绯红色，有深色脉纹，喉部暗紫色，花瓣5。

果：蒴果圆锥形，被毛。

180 木芙蓉

学名：*Hibiscus mutabilis*

科属：锦葵科木槿属

别名：芙蓉花、酒醉芙蓉、拒霜花

花果期：花期8～10月

生境及产地：产于湖南，栽培广泛

鉴赏要点及应用：花大色艳，是我国著名的庭园花卉，栽培品种繁多，常用于公园、庭院、小区等绿化，多用于园路边、池畔、建筑旁或作背景材料；盆栽可用于阳台、天台栽培观赏。茎皮富含纤维素，可做缆绳和纺织品；花、叶和根皮均可入药，具有清热解毒、散瘀止血、消肿排脓的功效。

识别要点

形态：落叶灌木或小乔木。

株高：高2～5米。

叶：叶宽卵形至圆卵形或心形，裂片三角形，先端渐尖，具钝圆锯齿。

花：花单生于枝端叶腋间，萼钟形，卵形，渐尖头；花初开时白色或淡红色，后变深红色，花瓣近圆形。

果：蒴果扁球形，种子肾形。

181 朱槿

学名：*Hibiscus rosa-sinensis*

科属：锦葵科木槿属

别名：扶桑、佛桑

花果期：花期全年

生境及产地：广东、云南、台湾、福建、广西、四川等地栽培。

鉴赏要点及应用：本种花期极长，瓣型变化大，花色丰富，品种繁多，为著名的观花植物。园林中常用于池畔、路边或墙垣边，也常作绿篱。盆栽可用于阳台、天台等绿化栽培；茎皮纤维可搓绳索，织麻袋；根、叶、花都可入药，有清热利水、消肿解毒之效。

识别要点

形态：常绿灌木，小枝圆柱形，疏被星状柔毛。

株高：高约1～3米。

叶：叶阔卵形或狭卵形，先端渐尖，基部圆形或楔形，边缘具粗齿或缺刻。

花：花单生于上部叶腋间，常下垂，萼钟形，裂片5，花冠漏斗形，玫瑰红色或淡红、淡黄等色，花瓣倒卵形。

果：蒴果卵形，有喙。

182 木槿

学名：*Hibiscus syriacus*

科属：锦葵科木槿属

别名：荆条、朝开暮落花

花果期：花期7～10月

生境及产地：原产于我国中部各地

鉴赏要点及应用：花繁茂，可植于庭前、园路边欣赏，也常作花篱栽培，盆栽可用于阶前、阳台、天台等观赏；对烟尘和有毒气体有较强的抵抗力；全株入药，具有清热止泻的功效；嫩叶、白花可食用；茎皮纤维为人造棉和造纸的优良原料。

识别要点

形态：落叶灌木，小枝密被黄色星状绒毛。

株高：高3～4米。

叶：叶菱形至三角状卵形，具深浅不同的3裂或不裂，先端钝，基部楔形，边缘具不整齐齿缺。

花：花单生于枝端叶腋间，花萼钟形，裂片5，三角形；花钟形，淡紫色，花瓣倒卵形。

果：蒴果卵圆形，种子肾形。

183 黄槿

学名：*Hibiscus tiliaceus*

科属：锦葵科木槿属

别名：桐花、海麻

花果期：花期6 ~ 8月

生境及产地：产于台湾、广东、福建等地。越南、柬埔寨、老挝、缅甸、印度、印度尼西亚、马来西亚及菲律宾等国家也有

鉴赏要点及应用：冠形美，花大艳丽，适合作海滨的防风树种，也可作行道树，列植、孤植效果均佳；树皮纤维可做绳索；嫩枝叶可作蔬菜；木材耐腐，可用于造船及家具等。

识别要点

形态：常绿灌木或乔木，树皮灰白色。

株高：高4 ~ 10米，胸径粗达60厘米。

叶：叶革质，近圆形或广卵形，先端突尖，有时短渐尖，基部心形，全缘或具不明显细圆齿。

花：花序顶生或腋生，常数花排列成聚伞花序，萼裂5，披针形，花冠钟形，花瓣黄色，内面基部暗紫色，倒卵形。

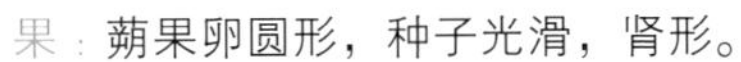

果：蒴果卵圆形，种子光滑，肾形。

184 垂花悬铃花

学名：*Malvaviscus penduliflorus*

科属：锦葵科悬铃花属

别名：悬铃花

花果期：花期几全年

生境及产地：原产于墨西哥和哥伦比亚

观赏特点及应用：全年开花，花形奇特，开花繁茂。多用于公园、绿地、庭院等丛植、片植于路边、池畔或庭前欣赏。常见栽培的同属植物有悬铃花（*Malvaviscus arboreus*）。

识别要点

形态：灌木，小枝被长柔毛。

株高：高达2米。

叶：叶卵状披针形，先端长尖，基部广楔形至近圆形，边缘具钝齿。

花：花单生于叶腋，萼钟状，裂片5，花红色，下垂，筒状，仅于上部略开展。

果：肉质浆果。

悬铃花

野牡丹科 Melastomataceae

185 野牡丹

学名： *Melastoma candidum*

科属： 野牡丹科野牡丹属

别名： 山石榴、大金香炉、猪古稔

花果期： 花期5 ~ 7月，果期10 ~ 12月

生境及产地： 产于云南、广西、广东、福建、台湾。生于海拔约120米以下的山坡松林下或开朗的灌草丛中。中南半岛也有

印度野牡丹

鉴赏要点及应用： 习性强健，栽培容易，适合公园、绿地等路边、坡地、墙垣边等处片植或丛植观赏；全株入药，有解毒消肿、收敛止血之效。栽培的同属植物有印度野牡丹（*Melastoma malabathricum*）、展毛野牡丹（*Melastoma normale*）、毛菍（*Melastoma sanguineum*）。

展毛野牡丹

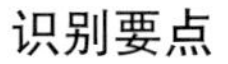

识别要点

形态：灌木，分枝多，茎钝四棱形或近圆柱形，密被紧贴的鳞片状糙伏毛。

株高：高0.5 ~ 1.5米。

叶：叶片坚纸质，卵形或广卵形，顶端急尖，基部浅心形或近圆形，全缘。

花：伞房花序生于分枝顶端，近头状，有花3 ~ 5朵，稀单生，花瓣玫瑰红色或粉红色，倒卵形。

果：蒴果坛状球形，与宿存萼贴生。

毛菍

186 银毛野牡丹

学名：*Tibouchina aspera var. asperrima*

科属：野牡丹科树野牡丹属

花果期：花期夏、秋，果期秋冬

生境及产地：中美洲至南美洲

鉴赏要点及应用·叶片密被绒毛，花色艳丽，有较高的观赏价值，园林绿化多用于公园的园路边、坡地、山石等处栽培或作背景材料，多片植。

识别要点

形态：常绿灌木。

株高：株高1 ~ 3米。

叶：叶对生，宽卵形，两面密被银白色绒毛。

花：聚伞式圆锥花序顶生，花冠淡紫色。

果：蒴果。

187 巴西野牡丹

学名：*Tibouchina semidecandra*

科属：野牡丹科蒂牡花属

别名：紫花野牡丹、艳紫野牡丹

花果期：每年5月至次年1月为盛花期

生境及产地：原产于巴西

鉴赏要点及应用：习性强健，适应性强，花艳丽，观赏性佳，在岭南一带应用广泛，适合庭院路边、墙垣边、池边或花坛等绿化；盆栽可用于居室、厅堂等装饰。

识别要点

形态：常绿灌木，或常绿小灌木，枝条红褐色。

株高：株高约60厘米。

叶：叶对生，叶椭圆形至披针形，两面具细茸毛，全缘。

花：花顶生，花大型，5瓣，浓紫蓝色。

果：蒴果。

楝科 Meliaceae

100 米兰

学名：*Aglaia odorata*
科属：楝科米仔兰属
别名：米兰
花果期：花期5～12月，果期7月至翌年3月
生境及产地：产于广东、广西，常生于低海拔山地的疏林或灌木林中。东南亚各国也有

鉴赏要点及应用：为我国著名的香花树种，全国各地均有栽培，常用于公园、绿地、校园或庭院的路边、池畔、山石边栽培观赏；盆栽用于阳台、卧室、窗厅或书房装饰；米兰花可食，可用来做羹及粥，花可用于熏茶；枝、叶可入药。

识别要点

形态：灌木或小乔木。

株高：4～5米。

叶：小叶3～5片；小叶对生，厚纸质，顶端1片最大，下部的远较顶端的为小，先端钝，基部楔形。

花：圆锥花序腋生，花芳香，花瓣5，黄色，长圆形或近圆形。

果：果为浆果，卵形或近球形，种子有肉质假种皮。

189 毛麻楝

学名：*Chukrasia tabularis* var. *velutina*

科属：楝科麻楝属

花果期：花期4 ~ 5月，果期7月至翌年1月

生境及产地：产于广东、广西、贵州和云南等地。分布于印度、斯里兰卡等地

鉴赏要点及应用：树干高大挺拔，树冠大，生长较快，多用作行道树或风景树种；木材黄褐色或赤褐色，芳香、坚硬、耐腐，为建筑、造船、家具等良好用材。

识别要点

形态：乔木，老茎树皮纵裂，幼枝赤褐色。

株高：高达25米。

叶：叶通常为偶数羽状复叶，叶柄圆形柱形，小叶互生，纸质，卵形至长圆状披针形，先端渐尖，基部圆形，偏斜。

花：圆锥花序顶生，有香味，花瓣黄色或略带紫色，长圆形。

果：蒴果灰黄色或褐色，近球形或椭圆形，种子扁平，椭圆形。

190 非洲桃花心木

学名：*Khaya senegalensis*

科属：楝科非洲楝属

别名：非洲楝、塞楝

花果期：花期夏季

生境及产地：原产于非洲热带地区和马达加斯加

鉴赏要点及应用：植株高大，庇荫度好，多用作庭园树和行道树，适合列植观赏；木材可作胶合板的材料；叶可作粗饲料；根可入药。

识别要点

形态：乔木，幼枝具暗褐色皮孔。

株高：高达20米或更高。

叶：叶互生，叶轴和叶柄圆柱形，小叶6 ~ 16，近对生或互生，顶端2对小叶对生，长圆形或长圆状椭圆形，下部小叶卵形，先端短渐尖或急尖，基部宽楔形或略圆形，稍不对称。

花：圆锥花序顶生或腋生，萼片4，阔卵形，花瓣4，椭圆形或长圆形。

果：蒴果球形，成熟时自顶端室轴开裂，种子宽，横生，椭圆形至近圆形。

191 苦楝

学名： *Melia azedarach*

科属： 楝科楝属

别名： 楝、紫花树、森树

花果期： 花期4 ~ 5月，果期10 ~ 12月

生境及产地： 产于我国黄河以南各地。生于低海拔旷野、路旁或疏林中。广布于亚洲热带和亚热带地区

鉴赏要点及应用： 枝繁叶茂，冠形圆整，且习性强健，可用于公园、绿地、风景区等作风景树种，也可用作平原及丘陵地带的造林树种或四旁绿化树种；木材是家具、建筑、乐器等良好用材；用鲜叶可灭钉螺和作农药；根皮粉调醋可治疥癣；用苦楝子做成油膏可治头癣；果核仁油可供制油漆、润滑油和肥皂。

识别要点

形态：落叶乔木，树皮灰褐色，纵裂，分枝广展。

株高：高达10余米。

叶：叶为2 ~ 3回奇数羽状复叶，小叶对生，卵形、椭圆形至披针形，顶生一片通常略大，先端短渐尖，基部楔形或宽楔形，多少偏斜，边缘有钝锯齿。

花：圆锥花序约与叶等长，花芳香；花萼5深裂，裂片卵形或长圆状卵形，花瓣淡紫色，倒卵状匙形。

果：核果球形至椭圆形，种子椭圆形。

桑科 Moraceae

192 波罗蜜

学名：*Artocarpus heterophyllus*

科属：桑科波罗蜜属

别名：木波罗、树波罗

花果期：花期2～3月，果期6～11月

生境及产地：可能原产于印度。我国广东、海南、广西、云南等地有栽培

鉴赏要点及应用：老干结果，果大奇特，为著名的观果树种，园林中常孤植于园路边、草地边或一隅观赏，也适合作庭荫树或行道树；果成熟后可以食用；核果可煮食，富含淀粉；木材质地优良，可作高级用材。

识别要点

形态：常绿乔木，老树常有板状根。

株高：高10～20米，胸径达30～50厘米。

叶：叶革质，螺旋状排列，椭圆形或倒卵形，先端钝或渐尖，基部楔形，成熟之叶全缘，或在幼树和萌发枝上的叶常分裂。

花：花雌雄同株，花序生老茎或短枝上，雄花序圆柱形或棒状椭圆形，雄花花被管状，雌花花被管状、顶部齿裂。

果：聚花果椭圆形至球形，或不规则形状，核果长椭圆形。

193 构树

学名：*Broussonetia papyrifera*

科属：桑科构属

别名：楮桃、楮

花果期：花期4 ~ 5月，果期6 ~ 7月

生境及产地：产于我国南北各地。东南亚及日本、朝鲜也有

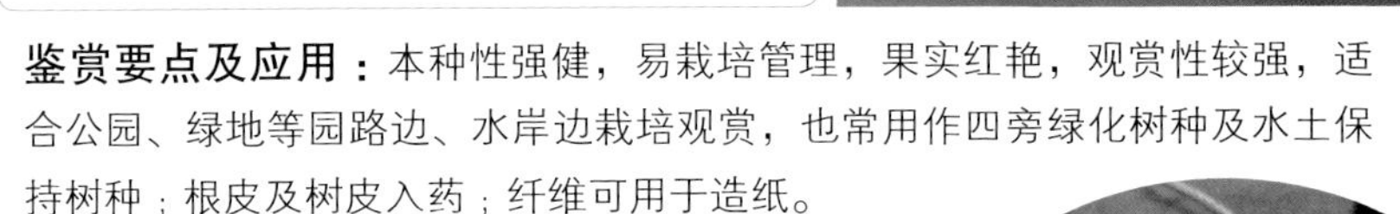

鉴赏要点及应用：本种性强健，易栽培管理，果实红艳，观赏性较强，适合公园、绿地等园路边、水岸边栽培观赏，也常用作四旁绿化树种及水土保持树种；根皮及树皮入药；纤维可用于造纸。

识别要点

形态：乔木，树皮暗灰色，小枝密生柔毛。

株高：高10 ~ 20米。

叶：叶螺旋状排列，广卵形至长椭圆状卵形，先端渐尖，基部心形，两侧常不相等，边缘具粗锯齿，不分裂或3 ~ 5裂，小树之叶常明显分裂。

花：花雌雄异株，雄花序为柔荑花序，粗壮，雌花序为球形头状。

果：聚花果，成熟时橙红色，肉质，瘦果。

194 高山榕

学名：*Ficus altissima*

科属：桑科榕属

别名：大青树、鸡榕

花果期：花期[illegible]月，果期[illegible]月

生境及产地：产于海南、广西、云南、四川。生于海拔100～1600（稀至2000）米山地或平原。尼泊尔、不丹、印度、缅甸、越南、泰国、马来西亚、印度尼西亚、菲律宾也有

鉴赏要点及应用：植株高大，冠形美，为优良的庭荫树种，可植于公园、社区、风景区空旷的草地、路边等观赏。

识别要点

形态：大乔木，树皮灰色，平滑。

株高：高25～30米，胸径40～90厘米。

叶：叶厚革质，广卵形至广卵状椭圆形，先端钝，急尖，基部宽楔形，全缘。

花：雄花散生榕果内壁，雌花无柄，花被片与瘿花同数。

果：瘦果，榕果成对腋生，椭圆状卵圆形。

195 大果榕

学名：*Ficus auriculata*

科属：桑科榕属

别名：馒头果、大无花果

花果期：花期8月至翌年3月，果期5 ~ 8月

生境及产地：产于海南、广西、云南、贵州、四川等地。喜生于低山、沟谷、潮湿雨林中。印度、越南、巴基斯坦也有

鉴赏要点及应用：果实着生于枝干之上，果实累累，极为奇特，有较高的观赏价值，可用于公园、绿地、庭院等作风景树种，也可作果树栽培；果实成熟后味甜可食。

识别要点

形态：乔木或小乔木，榕冠广展。树皮灰褐色，粗糙。

株高：高4 ~ 10米，胸径10 ~ 15厘米。

叶：叶互生，厚纸质，广卵状心形，先端钝，具短尖，基部心形，稀圆形。

花：雄花花被片3，匙形，薄膜质，透明，瘿花花被片下部合生，上部3裂；雌花生于另一植株榕果内，花被片3裂。

果：榕果簇生于树干基部或老茎短枝上，梨形或扁球形至陀螺形。

花叶垂榕

196 垂榕

学名： *Ficus benjamina*

科属： 桑科榕属

别名： 垂叶榕、细叶榕

花果期： 花期8～11月

生境及产地： 产于广东、海南、广西、云南、贵州，在云南生于海拔500～800米湿润的杂木林中。尼泊尔、不丹、印度、缅甸、泰国、越南、马来西亚、菲律宾、巴布亚新几内亚、所罗门群岛、澳大利亚北部也有

鉴赏要点及应用： 植株高大，庇荫性好，园林中常列植于路边欣赏，也可孤植于草地边缘、路边等处。盆栽适合居室、厅堂等绿化。常见栽培的品种有花叶垂榕（*Ficus benjamina*‘Variegata’）。

识别要点

形态：大乔木，树冠广阔；树皮灰色，平滑。

株高：高达20米，胸径30～50厘米。

叶：叶薄革质，卵形至卵状椭圆形，先端短渐尖，基部圆形或楔形，全缘。

花：雄花、瘿花、雌花同生于一榕果内；雄花极少数，花被片4，瘿花具柄，多数，花被片狭匙形，雌花无柄，花被片短匙形。

果：榕果成对或单生叶腋，基部缢缩成柄，球形或扁球形，光滑，成熟时红色至黄色。

197 美丽枕果榕

学名： *Ficus drupacea* var. *pubescens*

科属： 桑科榕属

别名： 毛果枕果榕

花果期： 花期初夏

生境及产地： 产于云南。常生于海拔160 ~ 880（稀为1500）米山地林中。尼泊尔、缅甸、老挝、越南、孟加拉国、印度、斯里兰卡也有

鉴赏要点及应用： 冠形优美，枝叶繁密，果红艳美丽，适合公园、绿地孤植作风景树或园景树。

识别要点

形态：乔木，无气生根。

株高：高10 ~ 15米。

叶：叶初期密被黄褐色长柔毛，成长后渐脱落，倒卵状椭圆形，革质。

花：雄花、瘿花、雌花同生于一榕果内；雄花花被片3，瘿花花被片合生，雌花花被片与雄花同数。

果：榕果成对腋生，榕果圆锥状椭圆形，密被褐黄色长柔毛。

108 橡皮树

学名：*Ficus elastica*

科属：桑科榕属

别名：印度胶树、印度榕

花果期：花期冬季

生境及产地：原产于不丹、尼泊尔、印度、缅甸、马来西亚、印度尼西亚。我国云南有野生

鉴赏要点及应用：叶大美观，为著名的观叶植物，园林中常孤植于路边、草坪中或广场等处，用作庇荫树种，盆栽可点缀宾馆大堂、居家客厅、阳台或卧室等。

识别要点

形态：乔木，树皮灰白色，平滑；幼小时附生，小枝粗壮。

株高：高达20 ～ 30米，胸径25 ～ 40厘米。

叶：叶厚革质，长圆形至椭圆形，先端急尖，基部宽楔形，全缘。

花：雄花、瘿花、雌花同生于榕果内壁；雄花散生于内壁，花被片4，瘿花花被片4，雌花无柄。

果：榕果成对生于已落叶枝的叶腋，卵状长椭圆形，黄绿色，瘦果。

199 大琴榕

学名： *Ficus lyrata*

科属： 桑科榕属

别名： 琴叶榕

花果期： 不详

生境及产地： 原产于非洲西部，我国南方引种栽培

鉴赏要点及应用： 叶形奇特美观，状似提琴，为著名的观叶植物，园林中常可作行道树或风景树，散植、孤植、列植效果均佳。盆栽可用于客厅、卧室及大型厅堂栽培观赏。

识别要点

形态：常绿乔木。

株高：树高达10米以上。

叶：先端钝而稍阔，基部微凹入，叶柄短，革质，全缘，光滑，提琴状。

花：生于隐花果内。

果：隐花果球形，有白斑，成对或单一。

200 榕树

学名：*Ficus microcarpa*

科属：桑科榕属

别名：细叶榕

花果期：花期5～6月

生境及产地：产于台湾、浙江、福建、广东、广西、湖北、贵州、云南，斯里兰卡、印度、缅甸、泰国、越南、马来西亚、菲律宾、日本、巴布亚新几内亚和澳大利亚北部、东部直至加罗林群岛也有

鉴赏要点及应用：本种高大挺拔，冠如伞盖，为著名的风景树种，在南方应用极为普遍，可用于滨水岸边、路边、庭前、广场、校园等处，孤植、列植均可，盆栽可用于阶前、厅堂等绿化。

识别要点

形态：大乔木，老树常有锈褐色气根，树皮深灰色，冠幅广展。

株高：高达15～25米，胸径达50厘米。

叶：叶薄革质，狭椭圆形，先端钝尖，基部楔形，全缘。

花：雄花、雌花、瘿花同生于一榕果内，雄花散生内壁，雌花与瘿花相似，花被片3。

果：榕果成对腋生或生于已落叶枝叶腋，成熟时黄或微红色，扁球形，瘦果卵圆形。

201 聚果榕

学名：*Ficus racemosa*

科属：桑科榕属

别名：马郎果

花果期：花期5 ~ 7月

生境及产地：产于广西、云南、贵州。喜生于潮湿地带，常见于河畔、溪边。印度、斯里兰卡、巴基斯坦、尼泊尔、越南、泰国、印度尼西亚、巴布亚新几内亚、澳大利亚也有分布

鉴赏要点及应用：果实着生于老干之上，极为奇特，园林中可用作风景树或园景树，也可作行道树；榕果成熟时，味甜可食；为良好紫胶虫寄主树。

识别要点

形态：乔木，树皮灰褐色，平滑。

株高：高达25 ~ 30米，胸径60 ~ 90厘米。

叶：叶薄革质，椭圆状倒卵形至椭圆形或长椭圆形，先端渐尖或钝尖，基部楔形或钝形，全缘。

花：雄花生于榕果内壁近口部，无柄，花被片3 ~ 4，瘿花和雌花有柄，花被线形。

果：榕果聚生于老茎瘤状短枝上，稀成对生于落叶枝叶腋，梨形，成熟榕果橙红色。

202 菩提树

学名：*Ficus religiosa*

科属：桑科榕属

别名：思维树

花果期：花期3 ~ 4月，果期5 ~ 6月

生境及产地：巴基斯坦拉瓦尔品第至不丹有野生。我国南部有栽培

鉴赏要点及应用：叶形美观，叶色青翠，为著名的观赏树种，多用作行道树及风景树，孤植或列植均可。盆栽可用于厅堂摆放观赏。

识别要点

形态：大乔木，树皮灰色，冠幅广展。

株高：高达15 ~ 25米，胸径30 ~ 50厘米。

叶：叶革质，三角状卵形，表面深绿色，光亮，背面绿色，先端骤尖，顶部延伸为尾状，基部宽截形至浅心形，全缘或为波状。

花：雄花，瘿花和雌花生于同一榕果内壁；雄花少，花被2 ~ 3裂，瘿花具柄，花被3 ~ 4裂，雌花花被片4。

果：榕果球形至扁球形，成熟时红色，光滑。

203 笔管榕

学名：*Ficus superba* var. *japonica*

科属：桑科榕属

花果期：花期4 ~ 6月

生境及产地：产于台湾、福建、浙江、海南、云南。常见于海拔140 ~ 1400米平原或村庄。缅甸、泰国、中南半岛、马来西亚至琉球也有

鉴赏要点及应用：树体高大，为良好庇荫树，也可作行道树及风景树种；木材纹理细致，美观，可供雕刻。

识别要点

形态：落叶乔木，有时有气根；树皮黑褐色。

株高：株高可达20米。

叶：叶互生或簇生，近纸质，无毛，椭圆形至长圆形，先端短渐尖，基部圆形，全缘或微波状。

花：雄花、瘿花、雌花生于同一榕果内；雄花很少，花被片3，雌花花被片3，瘿花多数，与雌花相似。

果：榕果单生或成对或簇生于叶腋或生无叶枝上，扁球形，成熟时紫黑色。

204 黄葛榕

学名：*Ficus virens* var. *sublanceolata*

科属：桑科榕属

别名：黄桷树、大叶榕

花果期：花果期4～7月，果期8～11月

生境及产地：产于陕西、湖北、贵州、广西、四川、云南等地。常生于海拔800（稀为400）～2200（稀为2700）米，为我国西南部常见树种。斯里兰卡、印度、不丹、缅甸、泰国、越南、马来西亚、印度尼西亚、菲律宾、巴布亚新几内亚至所罗门群岛和澳大利亚北部均有分布

鉴赏要点及应用：常用作行道树，为良好的庇荫树种；木材纹理细致，美观，可供雕刻。

识别要点

形态：落叶或半落叶乔木，有板根或支柱根，幼时附生。

株高：可达30米，胸径达3～5米。

叶：叶薄，革质或皮纸质，近披针形，先端渐尖；基部钝圆或楔形至浅心形，全缘。

花：雄花、瘿花、雌花生于同一榕果内；雄花少数，花被片4～5，瘿花花被片3～4，雌花与瘿花相似。

果：榕果单生或成对腋生或簇生于已落叶枝叶腋，球形，成熟时紫红色。

杨梅科 Myricaceae

205 杨梅

学名： *Myrica rubra*

科属： 杨梅科杨梅属

别名： 山杨梅、珠蓉、树梅

花果期： 4 月开花，6 ～ 7月果实成熟

生境及产地： 产于江苏、浙江、台湾、福建、江西、湖南、贵州、四川、云南、广西和广东。生长在海拔125 ～ 1500米的山坡或山谷林中。日本、朝鲜和菲律宾也有分布

鉴赏要点及应用： 多用作果树栽培，因其冠形优美，果实红艳可爱，也常用于公园、绿地孤植于建筑旁、水岸边欣赏，或植于庭院一隅观赏；果实成熟后可食，亦可制作饮料；树皮及根入药，有散瘀止血、止痛的功效。

识别要点

形态：常绿乔木，树皮灰色，老时纵向浅裂；树冠圆球形。

株高：高可达15米以上，胸径达60余厘米。

叶：叶革质，常密集于小枝上端部分；生于萌发条上者为长椭圆状或楔状披针形，顶端渐尖或急尖，边缘中部以上具稀疏的锐锯齿，中部以下常为全缘，基部楔形；生于孕性枝上者为楔状倒卵形或长椭圆状倒卵形，顶端圆钝或具短尖至急尖，基部楔形，全缘或偶有在中部以上具少数锐锯齿。

花：花雌雄异株。雄花序单独或数条丛生于叶腋，圆柱状，雌花序单生于叶腋，较雄花序短而细瘦。

果：核果球状，成熟时深红色或紫红色；核常为阔椭圆形或圆卵形，略成压扁状，长1 ～ 1.5厘米，宽1 ～ 1.2厘米，内果皮极硬，木质。

桃金娘科 Myrtaceae

206 串钱柳

学名：*Callistemon viminalis*

科属：桃金娘科红千层属

花果期：主要花期春季

生境及产地：原产于澳大利亚的新南威尔士及昆士兰

鉴赏要点及应用：花色鲜艳，花形优美，为著名的观花树种，可用于公园、绿地、风景区等池畔、水岸边种植，列植、群植效果均佳。

识别要点

形态：乔木或灌木。

株高：株高约2 ~ 5米。

叶：叶互生，有油腺点，披针形或狭线形。

花：花顶生于枝梢顶端，圆柱形穗状花序，下垂，红色。

果：蒴果全部藏于萼管内，球形或半球形，先端平截。

207 水翁

学名：*Cleistocalyx operculatus*

科属：桃金娘科水翁属

别名：水榕

花果期：花期5 ~ 6月

生境及产地：产于广东、广西及云南等地。喜生水边。中南半岛、印度、马来西亚、印度尼西亚及大洋洲等地也有

鉴赏要点及应用：本种性强健，易栽培，可用于湖畔、池边等作风景树；花及叶供药用，治感冒；根可治黄疸性肝炎。

识别要点

形态：乔木，树皮灰褐色，颇厚，树干多分枝。

株高：高15米。

叶：叶片薄革质，长圆形至椭圆形，先端急尖或渐尖，基部阔楔形或略圆。

花：圆锥花序生于无叶的老枝上，2 ~ 3朵簇生；花蕾卵形，萼管半球形。

果：浆果阔卵圆形，成熟时紫黑色。

208 柠檬桉

学名：*Eucalyptus citriodora*

科属：桃金娘科桉属

花果期：花期4～9月

生境及产地：原产地在澳大利亚东部及东北部无霜冻的海岸地带，最高海拔分布为600米

鉴赏要点及应用：树体高大，干光滑，有较高的观赏性，可用于草地、坡地等空旷地带种植观赏，也可植于海岸附近绿化；木材纹理较直，用于造船；叶可蒸提桉油，供香料用。

识别要点

形态：大乔木，树干挺直；树皮光滑，灰白色，大片状脱落。

株高：高28米。

叶：幼态叶片披针形，成熟叶片狭披针形，稍弯曲，两面有黑腺点，过渡性叶阔披针形。

花：圆锥花序腋生；花蕾长倒卵形。

果：蒴果壶形，果瓣藏于萼管内。

209 红果仔

学名：*Eugenia uniflora*

科属：桃金娘科番樱桃属

别名：番樱桃

花果期：花期春季

生境及产地：原产于巴西

鉴赏要点及应用：花色洁白，果实艳丽，为优良的观果灌木，可赏可食，适合公园、校园、风景区等植于路边、草地中或池畔观赏，盆栽可用于阳台、庭院等绿化，也是制作盆景的良材；果成熟后可生食或用于制作饮料。

识别要点

形态：灌木或小乔木，全株无毛。

株高：高可达5米。

叶：叶片纸质，卵形至卵状披针形，先端渐尖或短尖，钝头，基部圆形或微心形。

花：花白色，稍芳香，单生或数朵聚生于叶腋，短于叶。

果：浆果球形，熟时深红色。

210 黄金香柳

学名：*Melaleuca bracteata* 'Revolution Gold'

科属：桃金娘科白千层属

别名：金丝香柳

花果期：花期冬态

生境及产地：产于澳大利亚

鉴赏要点及应用：叶色金黄，株形小巧美观，为优良的彩叶灌木，多用于山石边、园路边、林下或用作镶边的材料。盆栽适合大型厅堂摆放装饰。

识别要点

形态：灌木或中小乔木。

株高：株高可达6～8米。

叶：叶密集生于枝条上，叶披针形，薄革质，初生时金黄色，后逐渐变为鹅黄色。

花：花白色或略带淡黄色，生长叶腋，排成穗状花序。

果：蒴果，杯状。

211 白千层

学名：*Melaleuca leucadendron*

科属：桃金娘科白千层属

别名：脱皮树

花果期：花期每年多次

生境及产地：原产于澳大利亚

鉴赏要点及应用：本种植株高大，树皮呈薄层状剥落，比较奇特，常植道旁作行道树；树皮及叶供药用，有镇静神经之效；枝叶含芳香油，供药用及防腐剂。

识别要点

形态：乔木，树皮灰白色，厚而松软，呈薄层状剥落；嫩枝灰白色。

株高：高18米。

叶：叶互生，叶片革质，披针形或狭长圆形，多油腺点，香气浓郁。

花：花白色，密集于枝顶成穗状花序。

果：蒴果近球形。

212 桃金娘

学名：*Rhodomyrtus tomentosa*

科属：桃金娘科桃金娘属

别名：岗棯、山棯

花果期：4～5月，果期7～9月

生境及产地：产于台湾、福建、广东、广西、云南、贵州及湖南最南部。生于丘陵坡地。分布于中南半岛、菲律宾、日本、印度、斯里兰卡、马来西亚及印度尼西亚等地

鉴赏要点及应用：性强健，抗性强，可片植于公园、风景区的路边、坡地或墙垣边，也常用于水土保持工程；花、果、叶及枝含多种挥发性精油，可提取医药、食品及工业用的原料及香精；花枝、果枝均可用于插花；根、叶和果入药；果成熟后可食，也可酿酒，是鸟类的天然食源。

识别要点

形态：灌木，嫩枝有灰白色柔毛。

株高：高1～2米。

叶：叶对生，革质，叶片椭圆形或倒卵形，先端圆或钝，常微凹入，有时稍尖，基部阔楔形。

花：花有长梗，常单生，紫红色，萼管倒卵形，花瓣5，倒卵形。

果：浆果卵状壶形，熟时紫黑色。

213 蒲桃

学名：*Syzygium jambos*

科属：桃金娘科蒲桃属

花果期：花期3 ~ 4月，果实5 ~ 6月成熟

生境及产地：产于台湾、福建、广东、广西、贵州、云南等地。喜生河边及河谷湿地。中南半岛、马来西亚、印度尼西亚等地也有

鉴赏要点及应用：树形美观，四季常绿，花果均有较高的观赏价值，园林中常用作风景树，可植于水岸边观赏，也可植于庭院作庭荫树种；叶及果含油腺点，可提取香精；果可食，也可用于制作饮料。

识别要点

形态：乔木，主干极短，广分枝；小枝圆形。

株高：高10米。

叶：叶片革质，披针形或长圆形，先端长渐尖，基部阔楔形，叶面多透明细小腺点。

花：聚伞花序顶生，有花数朵，花白色，花瓣分离，阔卵形。

果：果实球形，果皮肉质，成熟时黄色，有油腺点。

214 洋蒲桃

学名：*Syzygium samarangense*

科属：桃金娘科蒲桃属

别名：莲雾

花果期：花期3～4月，果实5～6月成熟

生境及产地：原产于马来西亚及印度。我国广东、台湾及广西有栽培

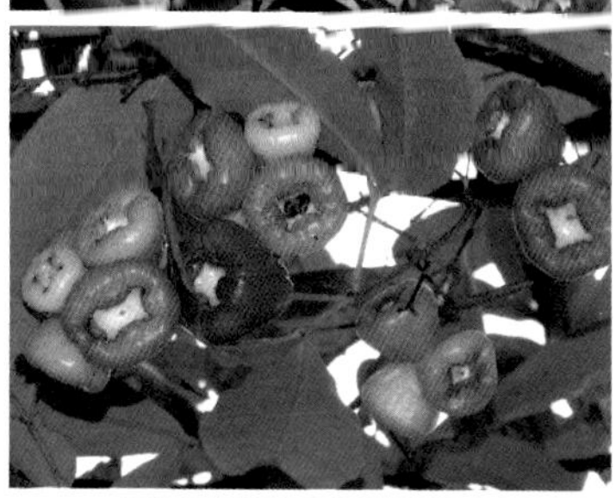

鉴赏要点及应用：花素雅，果实艳丽，挂果时间长，观赏性极佳，为园林中常用的观花观果树种，可用于广场、绿地、校园、庭园作风景树和绿荫树，也适合作行道树；果成熟后可食，也可盐渍或制成果酱、果汁等。

识别要点

形态：乔木，嫩枝压扁。

株高：高12米。

叶：叶片薄革质，椭圆形至长圆形，先端钝或稍尖，基部变狭，圆形或微心形。

花：聚伞花序顶生或腋生，有花数朵；花白色。

果：果实梨形或圆锥形，肉质，洋红色，发亮。

蓝果树科 Nyssaceae

215 喜树

学名：*Camptotheca acuminata*

科属：蓝果树科喜树属

别名：千丈树

花果期：花期5～7月，果期9月

生境及产地：产于江苏、浙江、福建、江西、湖北、湖南、四川、贵州、广东、广西、云南等地。生于海拔1000米以下的林边或溪边

鉴赏要点及应用：本种的树干挺直，生长迅速，可用作庭园树或行道树，适合公园、风景区、校园等园路边种植观赏；树根可作药用。

识别要点

形态：落叶乔木，树皮灰色或浅灰色，纵裂成浅沟状。

株高：高达20余米。

叶：叶互生，纸质，矩圆状卵形或矩圆状椭圆形，顶端短锐尖，基部近圆形或阔楔形，全缘。

花：头状花序近球形，常由2～9个头状花序组成圆锥花序，顶生或腋生，通常上部为雌花序，下部为雄花序，花瓣5枚，淡绿色。

果：翅果矩圆形。

216 珙桐

学名：*Davidia involucrata*

科属：蓝果树科珙桐属

别名：高15～20米，稀达25米；胸径约1米。

花果期：花期4月，果期10月

生境及产地：产于湖北、湖南、四川以及贵州和云南。生于海拔1500～2200米的润湿的常绿阔叶、落叶阔叶混交林中

鉴赏要点及应用：珙桐的苞片极大，有较高的观赏价值，为世界著名的珍贵观赏树，可植于池畔、溪旁或庭院中，孤植、列植效果均佳；材质沉重，是建筑的上等用材，可制作家具和作雕刻材料。

识别要点

形态：落叶乔木，树皮深灰色或深褐色，常裂成不规则的薄片而脱落。

株高：15～20米。

叶：叶纸质，互生，常密集于幼枝顶端，阔卵形或近圆形，顶端急尖或短急尖，具微弯曲的尖头，基部心脏形或深心脏形，边缘有三角形而尖端锐尖的粗锯齿。

花：两性花与雄花同株，由多数的雄花与1个雌花或两性花组成近球形的头状花序，两性花位于花序的顶端，雄花环绕于周围，基部具纸质、矩圆状卵形或矩圆状倒卵形花瓣状的苞片，初淡绿色，继变为乳白色，后变为棕黄色而脱落。

果：果实为长卵圆形核果。

金莲木科 Ochnaceae

217 金莲木

学名：*Ochna integerrima*
科属：金莲木科金莲木属
别名：桂叶黄梅
花果期：花期3 ~ 4月，果期5 ~ 6月
生境及产地：产于广东、海南和广西。生于海拔300 ~ 1400米山谷石旁和溪边较湿润的空旷地方。印度、巴基斯坦、缅甸、泰国、马来西亚、柬埔寨和越南也有

鉴赏要点及应用：花果奇特，为著名的观赏树种，适合公园、绿地、社区等路边、墙垣边栽培观赏。盆栽可用于阶前、阳台及天台美化环境。

识别要点

形态：落叶灌木或小乔木，小枝灰褐色。

株高：高2 ~ 7米，胸径6 ~ 16厘米。

叶：叶纸质，椭圆形、倒卵状长圆形或倒卵状披针形，顶端急尖或钝，基部阔楔形，边缘有小锯齿。

花：花序近伞房状，生于短枝的顶部；萼片长圆形，开放时外翻，结果时呈暗红色；花瓣5片，有时7片，倒卵形，顶端钝或圆。

果：核果。

218 流苏树

学名：*Chionanthus retusus*

科属：木犀科流苏树属

花果期：花期3～6月，果期6～11月

生境及产地：产于甘肃、陕西、山西、河北、河南以南至云南、四川、广东、福建、台湾。生于海拔3000米以下的稀疏混交林中或灌丛中，或山坡、河边。朝鲜、日本也有分布

鉴赏要点及应用：株形美观，花洁白芳香，极美丽，为优良观花树种，适合公园、绿地、庭前丛植或孤植，也可做行道树。花、嫩叶晒干可代茶，味香；果可榨芳香油；木材可制器具。

识别要点

形态：落叶灌木或乔木，小枝灰褐色或黑灰色，圆柱形。

株高：高可达20米。

叶：叶片革质或薄革质，长圆形、椭圆形或圆形，有时卵形或倒卵形至倒卵状披针形，先端圆钝，有时凹入或锐尖，基部圆或宽楔形至楔形，稀浅心形，全缘或有小锯齿。

花：聚伞状圆锥花序，花冠白色，4深裂，裂片线状倒披针形。

果：果椭圆形，被白粉，呈蓝黑色或黑色。

219 连翘

学名：*Forsythia suspensa*

科属：木犀科连翘属

别名：黄花杆、黄寿丹

花果期：花期3～4月，果期7～9月

生境及产地：产于河北、山西、陕西、山东、安徽、河南、湖北、四川。生于海拔250～2200米山坡灌丛、林下或草丛中，或山谷、山沟疏林中

鉴赏要点及应用：花色金黄，早春开放，为我国著名的庭园花卉。适宜植于公园、小区、庭院等处的溪边、池畔及假山石边，也可植成花篱观赏；果实入药，具清热解毒、消结排脓之效。

识别要点

形态：落叶灌木。枝开展或下垂。

株高：株高可达3米。

叶：叶通常为单叶，或3裂至三出复叶，叶片卵形、宽卵形或椭圆状卵形至椭圆形，先端锐尖，基部圆形、宽楔形至楔形。

花：花通常单生或二至数朵着生于叶腋，先于叶开放，花冠黄色，裂片倒卵状长圆形或长圆形。

果：果卵球形、卵状椭圆形或长椭圆形。

220 小叶梣

学名：*Fraxinus bungeana*

科属：木犀科梣属

别名：梣

花果期：花期5月，果期8～9月

生境及产地：产于辽宁、河北、山西、山东、安徽、河南等地。生海拔1500米以下较干燥向阳的砂质土壤或岩石缝隙中

鉴赏要点及应用：冠形佳，花繁茂，洁白素雅，为优良观赏树种，适合公园、庭院等绿化。树皮入药；木材坚硬供制小农具。

识别要点

形态：落叶小乔木或灌木，树皮暗灰色，浅裂。

株高：高2～5米。

叶：羽状复叶，小叶5～7枚，硬纸质，阔卵形，菱形至卵状披针形。

花：圆锥花序顶生或腋生，疏被绒毛；花冠白色至淡黄色，裂片线形。

果：翅果匙状长圆形。

221 白蜡

学名：*Fraxinus chinensis*

科属：木犀科梣属

花果期：花期4 ~ 5月，果期7 ~ 9月

生境及产地：产于南北各地。生于海拔800 ~ 1600米山地杂木林中。越南、朝鲜也有

鉴赏要点及应用：本种在我国栽培历史悠久，分布甚广，生长快，抗性强，可用于四旁绿化或用作行道树；可放养白蜡虫生产白蜡；材理通直，供编制各种用具；树皮入药。

识别要点

形态：落叶乔木，树皮灰褐色，纵裂。

株高：高10 ~ 12米。

叶：羽状复叶，小叶5 ~ 7枚，硬纸质，卵形、倒卵状长圆形至披针形，顶生小叶与侧生小叶近等大或稍大，先端锐尖至渐尖，基部钝圆或楔形，叶缘具整齐锯齿。

花：圆锥花序顶生或腋生枝梢，花雌雄异株；雄花密集，钟状，雌花疏离，花萼大。

果：翅果匙形。

222 庐山梣

学名：*Fraxinus sieboldiana*
科属：木犀科梣属
别名：小蜡树
花果期：花期5 ~ 6月，果期9月
生境及产地：产于安徽、江苏、浙江、江西、福建等地。生山坡林中及沟谷溪边，海拔500 ~ 1200米

鉴赏要点及应用：树姿优美，花果美丽，供观赏，但本种生长缓慢，适宜于小型庭园作观赏树种。

识别要点

形态：落叶小乔木，树冠圆形，枝条细柔，树皮褐色。

株高：高5 ~ 8米。

叶：羽状复叶，小叶3 ~ 5枚，纸质至薄革质，卵形或阔卵形，先端锐尖或渐尖，基部钝圆或渐狭至短柄，近全缘或中下部以上具锯齿。

花：圆锥花序顶生或腋生，多花，密集；杂性花，花白色至淡黄色。

果：翅果线形或线状匙形。

223 女贞

学名：*Ligustrum lucidum*

科属：木犀科女贞属

别名：大叶蜡树、白蜡树、蜡树

花果期：花期5 ~ 7月，果期7月至翌年5月

生境及产地：产于长江以南至华南、西南各地，向西北分布至陕西、甘肃。生于海拔2900米以下疏、密林中。朝鲜也有

鉴赏要点及应用：冠形圆整，枝叶清秀，可作行道树或庭荫树种，

因其对污染物抗性强，也常用于工矿区；种子油可制肥皂；花可提取芳香油；果含淀粉，可供酿酒或制酱油；枝、叶上放养白蜡虫能生产白蜡；果入药称女贞子，为强壮剂；叶药用，具有解热镇痛的功效。

识别要点

形态：灌木或乔木，树皮灰褐色。

株高：高可达25米。

叶：叶片常绿，革质，卵形、长卵形或椭圆形至宽椭圆形，先端锐尖至渐尖或钝，基部圆形或近圆形，有时宽楔形或渐狭。

花：圆锥花序顶生，小苞片披针形或线形，花萼无毛，花冠裂片反折。

果：果肾形或近肾形，深蓝黑色，成熟时呈红黑色，被白粉。

224 山指甲

学名：*Ligustrum sinense*

科属：木犀科女贞属

别名：黄心柳、小蜡树、水黄杨

花果期：花期3～6月，果期9～12月

生境及产地：产于江苏、浙江、安徽、江西、福建、台湾、湖北、湖南、广东、广西、贵州、四川、云南。生于海拔200～2600米山坡、山谷、溪边、河旁、路边的密林、疏林或混交林中。越南也有

鉴赏要点及应用：习性强健，生长快，抗性强，花洁白，具芳香，多用作绿篱，可适合路边、林缘、草地等处丛植观赏；果实可酿酒；种子榨油供制肥皂；树皮和叶入药，具清热降火等功效。

识别要点

形态：落叶灌木或小乔木，小枝圆柱形。

株高：高2～7米。

叶：叶片纸质或薄革质，卵形、椭圆状卵形、长圆形、长圆状椭圆形至披针形，或近圆形，先端锐尖、短渐尖至渐尖，或钝而微凹，基部宽楔形至近圆形，或为楔形。

花：圆锥花序顶生或腋生，塔形，花萼无毛，花冠裂片长圆状椭圆形或卵状椭圆形。

果：果近球形。

225 桂花

学名：*Osmanthus fragrans*

科属：木犀科木犀属

别名：木犀

花果期：花期9 ~ 10月上旬，果期翌年3月。

生境及产地：原产于我国西南部。现各地广泛栽培。花为名贵香料，可作食品香料

鉴赏要点及应用：我国十大名花之一，品种较多，在我国栽培普遍，为著名的香花植物，花香馥郁，适于种植于道路两侧、假山、草坪、院落等地，孤植、列植效果均佳。盆栽可用于阶前、大型厅堂绿化；花是名贵香料，花可食用。

识别要点

形态：常绿乔木或灌木，树皮灰褐色。

株高：高3 ~ 5米，最高可达18米。

叶：叶片革质，椭圆形、长椭圆形或椭圆状披针形，先端渐尖，基部渐狭呈楔形或宽楔形，全缘或通常上半部具细锯齿。

花：聚伞花序簇生于叶腋，或近于帚状，每腋内有花多朵；苞片宽卵形，质厚，花冠黄白色、淡黄色、黄色或橘红色。

果：果歪斜，椭圆形，呈紫黑色。

228 华北紫丁香

学名：*Syringa oblata*

科属：木犀科丁香属

别名：紫丁香

花果期：花期4～5月，果期6～10月

生境及产地：产于东北、华北、西北以至西南达四川

鉴赏要点及应用：著名的观花树种，我国中北部常见栽培，习性强健，花香馥郁，可用于庭院、建筑物前丛植，或散植于道路两旁。常见栽培的同属植物有欧洲丁香（*Syringa vulgaris*）。

识别要点

形态：灌木或小乔木，树皮灰褐色或灰色。

株高：高可达5米。

叶：叶片革质或厚纸质，卵圆形至肾形，宽常大于长，先端短凸尖至长渐尖或锐尖，基部心形、截形至近圆形，或宽楔形。

花：圆锥花序直立，由侧芽抽生，近球形或长圆形，花冠紫色，花冠管圆柱形。

果：果倒卵状椭圆形、卵形至长椭圆形。

欧洲丁香

227 四川丁香

学名：*Syringa sweginzowii*

科属：木犀科丁香属

花果期： 花期5 ~ 6月，果期9 ~ 10月

生境及产地：产于四川西部。生山坡灌丛、林中，或河旁沟边

鉴赏要点及应用： 性强健，花芳香宜人，开花繁茂，适合公园、绿地丛植绿化。

识别要点

形态：灌木，枝直立，细弱，小枝紫褐色，四棱形。

株高：高2.5 ~ 4米。

叶：叶片卵形、卵状椭圆形至披针形，先端锐尖至渐尖，基部楔形至近圆形，叶缘具睫毛。

花：圆锥花序直立，花冠淡红色、淡紫色或桃红色至白色。

果：蒴果。

芍药科 Paeoniaceae

228 紫牡丹

学名：*Paeonia delavayi*

科属：芍药科芍药属

别名：野牡丹

花果期：花期5月；果期7～8月

生境及产地：分布于云南、四川及西藏。生于海拔2300～3700米的山地阳坡及草丛中

鉴赏要点及应用：本种抗性佳，花大美丽，为优美的观赏灌木。适合庭园的路边、庭前等丛植观赏。根药用。

识别要点

形态：亚灌木，当年生小枝草质。

株高：茎高1.5米。

叶：叶为二回三出复叶，叶片轮廓为宽卵形或卵形，羽状分裂，裂片披针形至长圆状披针形。

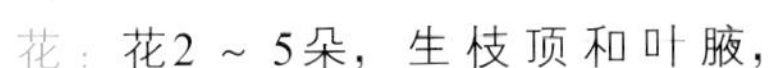

花：花2～5朵，生枝顶和叶腋，花瓣9（稀为12），红色、红紫色。

果：蓇葖果。

229 牡丹

学名：*Paeonia suffruticosa*

科属：芍药科芍药属

花果期：花期5月；果期6月

生境及产地：全国各地有栽培

鉴赏要点及应用：本种花大色艳，品种繁多，为我国著名的观花植物，多用于庭园丛植或片植，也常用于专类园。

识别要点

形态：落叶灌木，分枝短而粗。

株高：茎高达2米。

叶：叶通常为二回三出复叶，偶尔近枝顶的叶为3小叶。

花：花单生枝顶，花瓣5，或为重瓣，玫瑰色、红紫色、粉红色至白色，通常变异很大。

果：蓇葖长圆形。

230 假槟榔

学名：*Archontophoenix alexandrae*

科属：棕榈科假槟榔属

别名：亚历山大椰子

花果期：花期4月，果期4～7月

生境及产地：原产于澳大利亚东部

鉴赏要点及应用：树干通直，叶大挺拔，四季常青，极具热带风情，是热带著名风景树种之一。适合风景区、校园、公园等植于路边、水滨、草坪四周等作风景树或作行道树。

识别要点

形态：乔木状，干圆柱状，基部略膨大。

株高：高达10～25米，茎粗约15厘米。

叶：叶羽状全裂，生于茎顶，长2～3米，羽片呈2列排列，线状披针形，先端渐尖，全缘或有缺刻。

花：花序生于叶鞘下，呈圆锥花序式，下垂，多分枝，花雌雄同株，白色；雄花萼片3，花瓣3，雌花萼片和花瓣各3片，圆形。

果：果实卵球形，红色，种子卵球形。

231 槟榔

学名：*Areca catechu*
科属：棕榈科槟榔属
别名：槟榔子
花果期：花果期3 ～ 4月
生境及产地：产于云南、海南及台湾等热带地区。亚洲热带地区广泛栽培

鉴赏要点及应用：为著名的经济树种，树干通直，果实累累，观赏性较强，可散植或群植于路边、庭前或草地中观赏；本种是重要的中药材；果实泡制后可咀嚼。

识别要点

形态：茎直立，乔木状，有明显的环状叶痕。

株高：高10多米，最高可达30米。

叶：叶簇生于茎顶，长1.3 ～ 2米，羽片多数，狭长披针形，上部的羽片合生，顶端有不规则齿裂。

花：雌雄同株，花序多分枝，花序轴粗壮压扁，分枝曲折，上部纤细，着生1列或2列的雄花，而雌花单生于分枝的基部；雄花小，通常单生，很少成对着生，萼片卵形，花瓣长圆形，雌花较大，萼片卵形，花瓣近圆形。

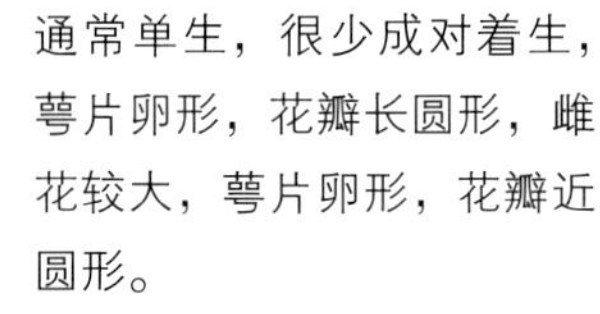

果：果实长圆形或卵球形，橙黄色。

232 桄榔

学名：*Arenga pinnata*

科属：砂糖椰子、莎木

别名：棕榈科桄榔属

花果期：花期6月，果实约在开花后2 ~ 3年时间成熟

生境及产地：产于海南、广西及云南西部至东南部。中南半岛及东南亚一带亦产

鉴赏要点及应用：株形大型，富有热带风情，可用于公园、风景区等的园路边、草坪中孤植或群植观赏；其花序汁液可制糖、酿酒，树干髓心含淀粉，可食用。

识别要点

形态：乔木状，茎较粗壮，有疏离的环状叶痕。

株高：高5米至10余米，直径15 ~ 30厘米。

叶：叶簇生于茎顶，羽状全裂，羽片呈2列排列，线形或线状披针形，基部两侧常有不均等的耳垂，顶端呈不整齐的啮蚀状齿或2裂。

花：花序腋生，从上部往下部抽生几个花序，当最下部的花序的果实成熟时，植株即死亡；雄花大，花萼、花瓣各3片，雌花花萼及花瓣各3片，花后膨大。

果：果实近球形，种子3颗，黑色，卵状三棱形。

233 短穗鱼尾葵

学名：*Caryota mitis*

科属：棕榈科鱼尾葵属

别名：酒椰子

花果期：花期4 ~ 6月，果期8 ~ 11月

生境及产地：产于海南、广西等地。生于山谷林中或植于庭园。越南、缅甸、印度、马来西亚、菲律宾、印度尼西亚也有

鉴赏要点及应用：株形美观，叶形状似鱼尾，我国栽培广泛，多用于公园、绿地、校园等用作风景树或行道树；树干髓心含淀粉，可食用，白色嫩茎尖可作蔬菜食用。

识别要点

形态：丛生，小乔木状，茎绿色，表面被微白色的毡状绒毛。

株高：高5 ~ 8米，直径8 ~ 15厘米。

叶：叶长3 ~ 4米，下部羽片小于上部羽片；羽片呈楔形或斜楔形，外缘笔直，内缘1/2以上弧曲成不规则的齿缺，且延伸成尾尖或短尖，淡绿色，幼叶较薄，老叶近革质。

花：佛焰苞与花序被糠秕状鳞秕，花序短，雄花萼片宽倒卵形，瓣狭长圆形，雌花萼片宽倒卵形，花瓣卵状三角形。

果：果球形，成熟时紫红色。

234 董棕

学名：*Caryota urens*

科属：棕榈科鱼尾葵属

别名：酒假桄榔、果榜

花果期：花期6～10月，果期5～10月

生境及产地：产于广西、云南等地。生于海拔370～1500（稀为2450）米的石灰岩山地区或沟谷林中。印度、斯里兰卡、缅甸至中南半岛亦有

鉴赏要点及应用：本种株形美观，树体高大，叶大奇特，有较高的观赏性，适合公园、绿地等孤植或散植于草地中、路边或庭前观赏；髓心含淀粉，可代西谷米；叶鞘纤维坚韧可制棕绳；幼树茎尖可作蔬菜。

识别要点

形态：乔木状，茎黑褐色，膨大或不膨大成花瓶状。

株高：高5～25米，直径25～45厘米。

叶：叶长5～7米，宽3～5米，弓状下弯；羽片宽楔形或狭的斜楔形，幼叶近革质，老叶厚革质。

花：具多数、密集的穗状分枝花序，雄花萼片近圆形，雌花与雄花相似，但花萼稍宽，花瓣较短。

果：果实球形至扁球形，成熟时红色。

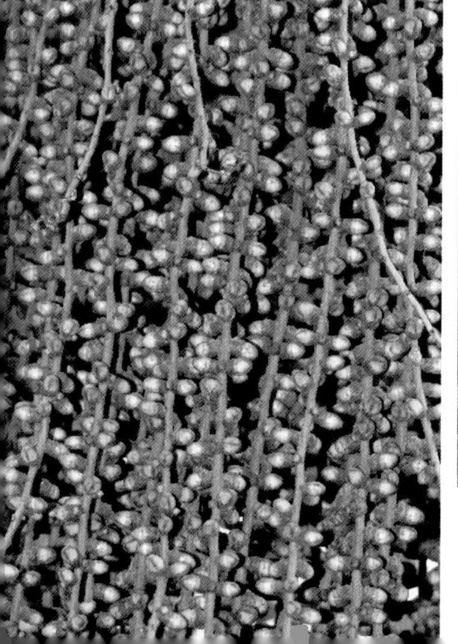

235 散尾葵

学名：*Chrysalidocarpus lutescens*

科属：棕榈科散尾葵属

别名：黄椰子

花果期：花期5月，果期8月

生境及产地：原产于马达加斯加

鉴赏要点及应用：本种树形优美，极具热带风光，适合庭园中的墙隅、路边、草地中丛植观赏，盆栽可用于居室或办公室等绿化。

识别要点

形态：丛生灌木，基部略膨大。

株高：高2～5米，茎粗4～5厘米。

叶：叶羽状全裂，平展而稍下弯，黄绿色，表面有蜡质白粉，披针形，先端长尾状渐尖并具不等长的短2裂，顶端的羽片渐短。

花：花序生于叶鞘之下，呈圆锥花序式，花小，卵球形，金黄色，螺旋状着生于小穗轴上。

236 椰子

学名：*Cocos nucifera*

科属：棕榈科椰子属

别名：可可椰子

花果期：花果期主要在秋季

生境及产地：主要产于我国广东南部诸岛及雷州半岛、海南、台湾及云南南部热带地区

鉴赏要点及应用：株形美观，为著名的热带风光树种，果实极大，一年四季均可挂果，观赏期极长，适合热带地区的路边、海岸边栽培观赏，也可作行道树；未熟胚乳（即果肉）可作为热带水果食用，椰子水可直接饮用；成熟的椰肉含脂肪达70%，可榨油，还可加工各种糖果、糕点；椰壳可制成各种器皿和工艺品，也可制活性炭；椰纤维可制毛刷、地毯、缆绳等；树干可作建筑材料；叶子可盖屋顶或编织；根可入药。

识别要点

形态：植株高大，乔木状，茎粗壮，有环状叶痕。

株高：高15 ~ 30米。

叶：叶羽状全裂，裂片多数，外向折叠，革质，线状披针形，顶端渐尖；叶柄粗壮。

花：花序腋生，多分枝；佛焰苞纺锤形，厚木质，雄花萼片3片，花瓣3枚，雌花基部有小苞片数枚，萼片阔圆形，花瓣与萼片相似。

果：果卵球状或近球形。

237 酒瓶椰子

学名：*Hyophorbe lagenicaulis*

科属：棕榈科酒瓶椰子属

花果期：花期8月，果期翌年3～4月

生境及产地：产于马斯克林群岛。我国台湾、广西、海南、广东深圳等地有栽培

鉴赏要点及应用：茎干奇特，形如酒瓶，为著名的观赏植物，可孤植或群植于草坪、路边或庭院观赏。

识别要点

形态：茎干圆柱形，茎基较细，中部膨大，近茎冠处又收缩如瓶颈。

株高：3～5米。

叶：叶为羽状复叶，全裂，小叶40～60对，披针形，叶柄红褐色。

花：雌雄同株，肉穗花序。

果：浆果，成熟时金黄色，种子椭圆形。

238 蒲葵

学名：*Livistona chinensis*

科属：棕榈科蒲葵属

花果期：花果期4月

生境及产地：产于我国南部。中南半岛亦有分布

鉴赏要点及应用：植株高大，冠形美观，叶大如扇，为南方常见的观叶植物，园林中常用作风景树或行道树，盆栽幼株可用于室内绿化；嫩叶制作葵扇，老叶可织斗笠等；叶裂片中脉是制作优良牙签的原料；果实、根、叶均可入药。

识别要点

形态：乔木状，基部常膨大。

株高：高5 ~ 20米，直径20 ~ 30厘米。

叶：叶阔肾状扇形，直径达1米余，掌状深裂至中部，裂片线状披针形。

花：花序呈圆锥状，粗壮，花小，两性，花冠约2倍长于花萼。

果：果实椭圆形，黑褐色。种子椭圆形。

239 大王椰子

学名：*Roystonea regia*

科属：棕榈科王棕属

别名：王棕

花果期：花期3～4月，果期10月

生境及产地：原产于古巴、洪都拉斯等地

鉴赏要点及应用：树形挺拔、秀丽，为著名风光树种，岭南、西南地区栽培较多，多用于公园、风景区、校园等作行道树或风景树，群植、列植均可，也适合与其他乔灌木配植；果实含油，可作猪饲料。

识别要点

形态：茎直立，乔木状，茎幼时基部膨大，老时近中部不规则地膨大，向上部渐狭。

株高：高10～20米。

叶：叶羽状全裂，弓形并常下垂。叶轴每侧的羽片多达250片，羽片呈4列排列，线状披针形，渐尖，顶端浅2裂。

花：花序长达1.5米，多分枝。花小，雌雄同株。

果：果实近球形至倒卵形，暗红色至淡紫色。种子歪卵形。

240 棕榈

学名：*Trachycarpus fortunei*

科属：棕榈科棕榈属

别名：棕树

花果期：花期4月，果期12月

生境及产地：分布于长江以南各地，日本也有

鉴赏要点及应用：性强健，抗性强，耐寒，常用于庭园作风景树种；棕皮纤维可作绳索，编蓑衣、棕绷、地毡等；嫩叶经漂白可制扇和草帽；未开放的花苞可供食用。

识别要点

形态：乔木状，树干圆柱形，被不易脱落的老叶柄基部和密集的网状纤维。

株高：高3 ~ 10米或更高。

叶：叶片呈3/4圆形或者近圆形，深裂成30 ~ 50片具皱折的线状剑形，裂片先端具短2裂或2齿，硬挺甚至顶端下垂。

花：花序粗壮，多次分枝，通常是雌雄异株。雄花每2 ~ 3朵密集着生于小穗轴上，也有单生的；黄绿色，卵球形，雌花淡绿色，通常2 ~ 3朵聚生。

果：果实阔肾形，有脐，成熟时由黄色变为淡蓝色，有白粉。

241 华盛顿葵

学名： *Washingtonia filifera*

科属： 棕榈科丝葵属

别名： 老人葵、华盛顿椰子

花果期： 花期7月

生境及产地： 原产于美国和墨西哥

鉴赏要点及应用： 株形挺拔，叶大美观，观赏性佳，多用于公园、风景区、校园等群植或列植栽培观赏。

识别要点

形态：乔木状，树干基部通常不膨大，向上为圆柱状，

株高：高达18 ~ 21米。

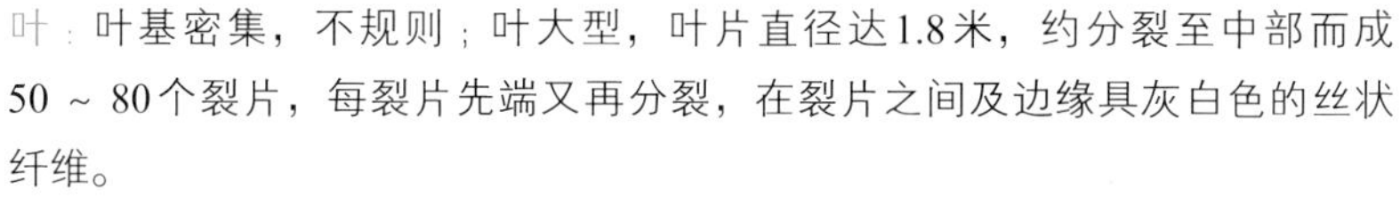

叶：叶基密集，不规则；叶大型，叶片直径达1.8米，约分裂至中部而成50 ~ 80个裂片，每裂片先端又再分裂，在裂片之间及边缘具灰白色的丝状纤维。

花：花序大型，弓状下垂，长于叶，花蕾披针形渐尖，花萼管状钟形，花冠2倍长于花萼。

果：果实卵球形，亮黑色，种子卵形，两端圆。

露兜树科 Pandanaceae

242 露兜树

学名：*Pandanus tectorius*

科属：露兜树科露兜树属

别名：露兜簕、林投

花果期：花期1 ~ 5月

生境及产地：产于福建、台湾、广东、海南、广西、贵州和云南等地。生于海边沙地。也分布于亚洲热带、澳大利亚南部

鉴赏要点及应用：株形美观，果大奇特，状似菠萝。观赏性强。适合公园、绿地的滨水岸边、沙地等栽培观赏，也可用于海岸固沙树种；根与果入药；叶纤维可编制工艺品；花可提芳香油。常见栽培的同属植物有红刺露兜（*Pandanus utilis*）。

识别要点

形态：常绿分枝灌木或小乔木，常左右扭曲，具多分枝或不分枝的气根。

株高：高2 ~ 4米。

叶：叶簇生于枝顶，三行紧密螺旋状排列，条形，先端渐狭成一长尾尖，叶缘和背面中脉均有粗壮的锐刺。

花：雄花序由若干穗状花序组成，雄花芳香，雌花序头状，单生于枝顶，圆球形。

果：聚花果大，向下悬垂，由40 ~ 80个核果束组成，圆球形或长圆形。

海桐花科 Pittosporaceae

243 海桐

学名：*Pittosporum tobira*

科属：海桐花科海桐花属

别名：海桐花

花果期：花期春季，果期秋季

生境及产地：分布于长江以南滨海各地。亦见于日本及朝鲜

鉴赏要点及应用：叶色光亮，终年常绿，花洁白芳香，为著名的观叶、观果植物，园林中常孤植、丛植于路边、草地边缘或庭前欣赏，盆栽可用于装饰居室；对二氧化硫等有害气体有较强的抗性，是厂矿区绿化的良好树种；枝、叶入药，具有祛风活络、散瘀止痛的功效。

识别要点

形态：常绿灌木或小乔木，嫩枝被褐色柔毛，有皮孔。

株高：高达6米。

叶：叶聚生于枝顶，二年生，革质，嫩时上下两面有柔毛，以后变秃净，倒卵形或倒卵状披针形，先端圆形或钝，常微凹入或为微心形，基部窄楔形。

花：伞形花序或伞房状伞形花序顶生或近顶生，密被黄褐色柔毛，花白色，有芳香，后变黄色。

果：蒴果圆球形，有棱或呈三角形，种子多数，多角形。

244 二球悬铃木

学名：*Platanus orientalis*

科属：悬铃木科悬铃木属

别名：法国梧桐、悬铃木

花果期：花期春季，果期秋季

生境及产地：原产于欧洲东南部及亚洲西部。据记载我国晋代即已引种

鉴赏要点及应用：株形端正，冠形美观，为世界著名的观赏树种，在我国应用广泛，多列植于道路两侧，也常孤植于庭院一隅或草地中；栽培的同属植物有一球悬铃木（*Platanus occidentalis*）、二球悬铃木（*Platanus xacerifolia*）。

识别要点

形态：落叶大乔木，树皮薄片状脱落。

株高：高达30米。

叶：叶大，轮廓阔卵形，基部浅三角状心形，或近于平截，上部掌状5 ~ 7裂，稀为3裂，中央裂片深裂过半，边缘有少数裂片状粗齿。

花：花4数；雄性球状花序无柄，雌性球状花序常有柄，花瓣倒披针形。

果：有圆球形头状果序3 ~ 5个，稀为2个，小坚果之间有黄色绒毛。

二球悬铃木

一球悬铃木

245 石榴

学名： *Punica granatum*

科属： 石榴科石榴属

别名： 安石榴、丹若、若榴木

花果期： 花期5～9月，果期秋季

生境及产地： 原产于巴尔干半岛至伊朗及其邻近地区，全世界的温带和热带都有种植

鉴赏要点及应用： 为著名的观花、观果植物，也常作果树栽培，花美、果大，园林中常用于路边、假山石边、墙垣边、水畔或庭院一隅栽培观赏，适合孤植或散植；根、叶、花均可药用；对二氧化硫和氯气等有害气体有较强的抗性；树皮、根皮和果皮均含多量鞣质，可提制栲胶。

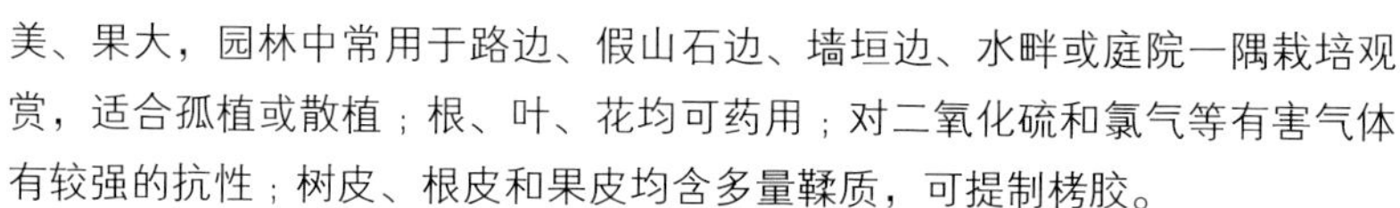

识别要点

形态：落叶灌木或乔木，枝顶常成尖锐长刺。

株高：高通常3～5米，稀达10米。

叶：叶通常对生，纸质，矩圆状披针形，顶端短尖、钝尖或微凹，基部短尖至稍钝形。

花：花大，1～5朵生枝顶；花瓣通常大，红色、黄色或白色。

果：浆果近球形，通常为淡黄褐色或淡黄绿色，有时白色，稀暗紫色。种子多数，钝角形。

246 拐枣

学名：*Hovenia acerba*

科属：鼠李科枳椇属

别名：枳椇、鸡爪子、万字果

花果期：花期5 ~ 7月，果期8 ~ 10月

生境及产地：产于甘肃、陕西、河南、安徽、江苏、浙江、江西、福建、广东、广西、湖南、湖北、四川、云南、贵州。生于海拔2100米以下的开阔地、山坡林缘或疏林中。印度、尼泊尔、不丹和缅甸也有

鉴赏要点及应用：株形美观，易栽培，可用作风景树或行道树，列植、孤植均可；木材细致坚硬，为建筑和制细木工用具的良好用材；果序轴肥厚，可生食、酿酒、熬糖；种子为清凉利尿药，能解酒毒。

识别要点

形态：高大乔木，小枝褐色或黑紫色。

株高：高10 ~ 25米。

叶：叶互生，厚纸质至纸质，宽卵形、椭圆状卵形或心形，顶端长渐尖或短渐尖，基部截形或心形，稀近圆形或宽楔形，边缘常具整齐浅而钝的细锯齿，上部或近顶端的叶有不明显的齿，稀近全缘。

花：二歧式聚伞圆锥花序，顶生和腋生，花两性，花瓣椭圆状匙形。

果：浆果状核果近球形，成熟时黄褐色或棕褐色，种子暗褐色或黑紫色。

247 枣

学名：*Ziziphus jujuba*

科属：鼠李科枣属

别名：枣子、大枣

花果期：花期5 ~ 7月，果期8 ~ 9月

生境及产地：本种原产于我国，广为栽培

鉴赏要点及应用：为著名果树，品种繁多，在园林中常见应用，孤植、散植、列植效果均佳，可用于园路边、池畔、庭前屋后等栽培观赏；枣的果实味甜，除供鲜食外，常可以制成蜜饯和果脯，还可以做枣泥、枣面、枣酒、枣醋等，为食品工业原料；枣、枣仁、根均可入药；枣树花期较长，芳香，为良好的蜜源植物。

识别要点

形态：落叶小乔木，稀灌木，树皮褐色或灰褐色。

株高：高达10余米。

叶：叶纸质，卵形，卵状椭圆形，或卵状矩圆形，顶端钝或圆形，稀锐尖，具小尖头，基部稍不对称，近圆形，边缘具圆齿状锯齿。

花：花黄绿色，两性，5基数，单生或2 ~ 8个密集成腋生聚伞花序，花瓣倒卵圆形。

果：核果矩圆形或长卵圆形，成熟时红色，后变红紫色，种子扁椭圆形。

248 梅

学名：*Armeniaca mume*

科属：蔷薇科杏属

别名：春梅、干枝梅、乌梅

花果期：花期冬春季，果期5 ~ 8月

生境及产地：我国各地均有栽培。日本和朝鲜也有

鉴赏要点及应用：我国十大名花之一，在我国已有二千多年的栽培史，其花姿清雅，傲雪开放，常用于绿地、公园、庭院、校园等地孤植、丛植或群植观赏。盆栽可用于室内绿化。梅花是切花的优良材料，特别适合于古典插花或自然式插花；部分品种的果实可食用，适合盐渍、制作果脯等，也可酿酒；鲜花可提取香精；花、叶、根和种仁均可入药。常见栽培的品种有美人梅（*Prunus* × *blireana*）等。

识别要点

形态：小乔木，稀灌木，树皮浅灰色或带绿色，平滑。

株高：高4 ~ 10米。

叶：叶片卵形或椭圆形，先端尾尖，基部宽楔形至圆形，叶边常具小锐锯齿。

美人梅

花：花单生或有时2朵同生于1芽内，香味浓，先于叶开放；花瓣倒卵形，白色至粉红色。

果：果实近球形，黄色或绿白色，被柔毛，味酸。

249 杏

学名：*Armeniaca vulgaris*

科属：蔷薇科杏属

别名：杏花、杏树

花果期：花期3 ~ 4月，果期6 ~ 7月

生境及产地：产于全国各地，多数为栽培

鉴赏要点及应用：为常见栽培的果树，果实繁密，色泽美观，可用于公园、绿地、庭院等绿化，适合孤植或散植；果肉可食，具甜香，也可加工成罐头及杏干、杏脯；种仁入药，具有镇咳定喘的效用。

识别要点

形态：乔木，树冠圆形、扁圆形或长圆形。

株高：高5 ~ 8（稀为12）米。

叶：叶片宽卵形或圆卵形，先端急尖至短渐尖，基部圆形至近心形，叶边有圆钝锯齿。

花：花单生，先于叶开放，花瓣圆形至倒卵形，白色或带红色。

果：果实球形，稀倒卵形，白色、黄色至黄红色，常具红晕。

200 桃

学名： *Amygdalus persica*

科属： 蔷薇科桃属

别名： 陶古日

花果期： 花期3～4月，果实成熟期因品种而异，通常为8～9月

生境及产地： 原产于我国，各地广泛栽培

绛桃

碧桃

鉴赏要点及应用： 为著名果树，栽培品种繁多，全国各地的园林广泛应用，花可赏、果可食，适合丛植、列植、孤植或片植于路边、草坪、水岸边或墙隅等处观赏；果成熟后可食。桃树干上分泌的胶质，俗称桃胶，供药用。常见栽培的品种有绛桃（*Amygdalus persica* ‘Camelliaeflora’）、寿星桃（*Amygdalus persica* ‘Densa’）、碧桃（*Amygdalus persica* var. *persica* f. *duplex*）、菊花桃（*Amygdalus persica* ‘Ju Hua’）。

识别要点

形态：乔木，树冠宽广而平展；树皮暗红褐色，老时粗糙呈鳞片状。

株高：高3～8米。

叶：叶片长圆披针形、椭圆披针形或倒卵状披针形，先端渐尖，基部宽楔形。

花：花单生，先于叶开放，花瓣长圆状椭圆形至宽倒卵形，粉红色，罕为白色。

果：果实形状和大小均有变异，卵形、宽椭圆形或扁圆形，色泽变化由淡绿白色至橙黄色，常在向阳面具红晕。

菊花桃

寿星桃

重瓣榆叶梅

251 榆叶梅

学名： *Amygdalus triloba*
科属： 蔷薇科桃属
别名： 额勒伯特～其其格
花果期： 花期4～5月，果期5～7月
生境及产地： 产于黑龙江、吉林、辽宁、内蒙古、河北、山西、陕西、甘肃、山东、江西、江苏、浙江等地。生于低至中海拔的坡地或沟旁乔、灌木林下或林缘

重瓣榆叶梅

鉴赏要点及应用： 先花后叶，开花时节，繁花满枝，有极高的观赏价值，常用于公园、庭院、绿地、校园及风景区的草坪、路边、墙垣边、池畔，假山石或庭前栽培观赏。常见栽培的变型有重瓣榆叶梅（*Amygdalus triloba* var. *triloba* f. *multiplex*）。

识别要点

形态：灌木稀小乔木，枝条开展，具多数短小枝。

株高：高2～3米。

叶：短枝上的叶常簇生，一年生枝上的叶互生；叶片宽椭圆形至倒卵形，先端短渐尖，常3裂，基部宽楔形。

花：花1～2朵，先于叶开放，花瓣近圆形或宽倒卵形，先端圆钝，有时微凹，粉红色。

果：果实近球形，顶端具短小尖头，红色。

252 平枝栒子

学名：*Cotoneaster horizontalis*

科属：蔷薇科栒子属

花果期：花期5 ~ 6月，果期9 ~ 10月

生境及产地：产于陕西、甘肃、湖北、湖南、四川、贵州、云南。生于海拔2000 ~ 3500米灌木丛中或岩石坡上。尼泊尔也有

鉴赏要点及应用：枝叶横展，叶小精致，秋果红艳，为优良观赏灌木，可用于布置岩石园、庭院等附墙栽培，也可用作地被植物。

识别要点

形态：落叶或半常绿匍匐灌木，枝水平开张成整齐两列状。

株高：高不超过0.5米。

叶：叶片近圆形或宽椭圆形，稀倒卵形，先端多数急尖，基部楔形，全缘。

花：花1 ~ 2朵，花瓣直立，倒卵形，先端圆钝，粉红色。

果：果实近球形，鲜红色。

253 小叶栒子

学名： *Cotoneaster microphyllus*

科属： 蔷薇科栒子属

别名： 铺地蜈蚣

花果期： 花期5 ~ 6月，果期8 ~ 9月

生境及产地： 产于四川、云南、西藏。生于海拔2500 ~ 4100米石山坡地、灌木丛中。印度、缅甸、不丹、尼泊尔均有

鉴赏要点及应用： 株形矮小，春花洁白，秋果红艳，甚美观，可用于岩石园点缀，也适合庭园的路边、假山石旁栽培观赏。

识别要点

形态：常绿矮生灌木，枝条开展，小枝圆柱形，红褐色至黑褐色。

株高：高达1米。

叶：叶片厚革质，倒卵形至长圆倒卵形，先端圆钝，稀微凹或急尖，基部宽楔形。

花：花通常单生，稀2 ~ 3朵，花瓣平展，近圆形，白色。

果：果实球形，红色。

翠绿东京樱花

264 东京樱花

学名： *Cerasus yedoensis*

科属： 蔷薇科樱属

别名： 日本樱花、樱花

花果期： 花期4月，果期5月

生境及产地： 原产于日本

大山樱

鉴赏要点及应用： 为著名的早春观赏树种，品种繁多，花繁叶茂，片植、丛植、孤植皆取得较好的景观效果，适合植于公园、校园、庭院、风景区等路边、草坪、水岸边或墙隅等处观赏。常见栽培的同属植物及品种有日本晚樱（*Cerasus serrulata* var. *lannesiana*）、翠绿东京樱花（*Cerasus yedoensis* var. *nikaii*）、大山樱（*Cerasus lannesiana*）。

日本晚樱

识别要点

形态：乔木，树皮灰色。小枝淡紫褐色，无毛。

叶：叶片椭圆卵形或倒卵形，先端渐尖或骤尾尖，基部圆形，稀楔形，边有尖锐重锯齿，齿端渐尖。

花：花序伞形总状，有花3～4朵，先叶开放，花瓣白色或粉红色，椭圆卵形，先端下凹，全缘二裂。

果：核果近球形。

255 木瓜

学名：*Chaenomeles sinensis*

科属：蔷薇科木瓜属

别名：木李

花果期：花期4月，果期9～10月

生境及产地：产于山东、陕西、湖北、江西、安徽、江苏、浙江、广东、广西

鉴赏要点及应用：树形美观，花美丽，果实大，均有较高的观赏性，可列植于路边或孤植于庭前及草地中观赏；果实味涩，水煮或浸渍糖液中供食用；果实入药有解酒、去痰、顺气、止痢之效。

识别要点

形态：灌木或小乔木，树皮成片状脱落；小枝无刺，圆柱形。

株高：高达5～10米。

叶：叶片椭圆卵形或椭圆长圆形，稀倒卵形，先端急尖，基部宽楔形或圆形，边缘有刺芒状尖锐锯齿。

花：花单生于叶腋，花瓣倒卵形，淡粉红色。

果：果实长椭圆形，暗黄色，木质，味芳香。

256 皱皮木瓜

学名：*Chaenomeles speciosa*

科属：蔷薇科木瓜属

别名：贴梗海棠、贴梗木瓜

花果期：花期3～5月，果期9～10月

生境及产地：产于陕西、甘肃、四川、贵州、云南、广东。缅甸亦有

鉴赏要点及应用：花艳丽，繁茂，果实大，观赏性佳，为常见绿化树种，适合公园、居民区、校园等绿化，可植于路边、池畔或林缘处，也可作花篱或盆栽观赏；果实可入药；花枝、果枝可用于插花。常见　栽培的同属植物有日本木瓜（*Chaenomeles japonica*）。

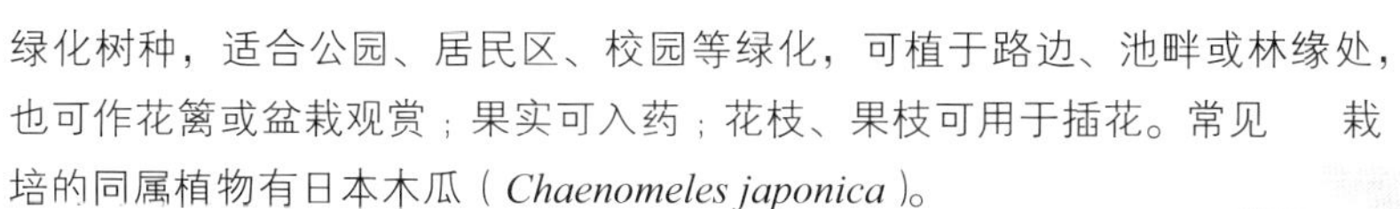

识别要点

形态：落叶灌木，枝条直立开展，有刺。

株高：高达2米。

叶：叶片卵形至椭圆形，稀长椭圆形，先端急尖稀圆钝，基部楔形至宽楔形，边缘具有尖锐锯齿，齿尖开展。

花：花先叶开放，3～5朵簇生于二年生老枝上；花瓣倒卵形或近圆形，猩红色，稀淡红色或白色。

果：果实球形或卵球形，黄色或带黄绿色，有稀疏不明显斑点，味芳香。

日本木瓜

257 山楂

学名：*Crataegus pinnatifida*

科属：蔷薇科山楂属

花果期：花期5 ~ 6月，果期9 ~ 10月

生境及产地：产于黑龙江、吉林、辽宁、内蒙古、河北、河南、山东、山西、陕西、江苏。生于海拔100 ~ 1500米山坡林边或灌木丛中。朝鲜和俄罗斯也有

毛山楂

山里红

鉴赏要点及应用：本种花朵洁白，秋季果实累累，经久不凋，观赏性高。可用于路边或建筑物旁栽培观赏，也可盆栽或制作成盆景用于室内绿化；果熟后可食，也可制成干果、果脯、果酱、果干、果酒、罐头等；干果入药，具有消积化滞、健胃舒气的功效。常见栽培的同属植物或品种有毛山楂（*Crataegus maximowiczii*）、山里红（*Crataegus pinnatifida* var. *major*）。

识别要点

形态：落叶乔木，树皮粗糙，暗灰色或灰褐色。

株高：高达6米。

叶：叶片宽卵形或三角状卵形，稀菱状卵形，先端短渐尖，基部截形至宽楔形，通常两侧各有3 ~ 5羽状深裂片，裂片卵状披针形或带形，先端短渐尖，边缘有尖锐稀疏不规则重锯齿。

花：伞房花序具多花，花瓣倒卵形或近圆形，白色。

果：果实近球形或梨形，深红色。

250 枇杷

学名：*Eriobotrya japonica*

科属：蔷薇科枇杷属

别名：芦橘

花果期：花期10～12月，果期5～6月

生境及产地：各地广为栽培，四川、湖北有野生者

鉴赏要点及应用：是我国常见的果树，花美丽，果可赏，适合庭园或专类园列植、群植栽培观赏；果可食，供生食、蜜饯和酿酒用；果、叶可供药用；材质优良，可做小型家具或农具。

识别要点

形态：常绿小乔木，小枝粗壮，黄褐色，密生锈色或灰棕色绒毛。

株高：高可达10米。

叶：叶片革质，披针形、倒披针形、倒卵形或椭圆长圆形，先端急尖或渐尖，基部楔形或渐狭成叶柄，上部边缘有疏锯齿，基部全缘。

花：圆锥花序顶生，具多花；花瓣白色，长圆形或卵形。

果：果实球形或长圆形，黄色或橘黄色。

259 红柄白鹃梅

学名：*Exochorda giraldii*

科属：蔷薇科白鹃梅属

别名：纪氏白鹃梅

花果期：花期5月，果期7 ~ 8月

生境及产地：产于河北、河南、山西、陕西、甘肃、安徽、江苏、浙江、湖北、四川。生于海拔1000 ~ 2000米山坡、灌木林中

鉴赏要点及应用：在园林中应用较少，为极有开发前途的观花树种，花朵洁白，树姿优美，可丛植于假山、墙垣边、池畔或庭前等处，或散植于草地中观赏。常见栽培的同属植物有白鹃梅（*Exochorda racemosa*）。

识别要点

形态：落叶灌木，小枝细弱，开展，圆柱形，无毛。

株高：高达3 ~ 5米。

白鹃梅

叶：叶片椭圆形、长椭圆形、稀长倒卵形，先端急尖，突尖或圆钝，基部楔形、宽楔形至圆形，稀偏斜，全缘，稀中部以上有钝锯齿。

花：总状花序，有花6 ~ 10朵，花瓣倒卵形或长圆倒卵形，白色。

果：蒴果倒圆锥形。

260 重瓣棣棠

学名：*Kerria japonica* f. *pleniflora*

科属：蔷薇科棣棠花属

别名：鸡蛋黄花、土黄条

花果期：花期4 ～ 6月，果期6 ～ 8月

生境及产地：产于甘肃、陕西、山东、河南、湖北、江苏、安徽、浙江、福建、江西、湖南、四川、贵州、云南。生于海拔200 ～ 3000米山坡灌木丛中。日本也有

鉴赏要点及应用：枝叶繁茂，花朵金黄，极为醒目，园林中可用作花篱，或丛植于草坪、角隅、路边、林缘、假山旁；茎髓作为通草代用品入药，有催乳利尿之效。常见栽培的还有棣棠（*Kerria japonica*）、花叶棣棠（*Kerria japonica* 'Picta'）等。

棣棠

识别要点

形态：落叶灌木，小枝绿色，圆柱形。

株高：高1 ～ 2米，稀达3米。

叶：叶互生，三角状卵形或卵圆形，顶端长渐尖，基部圆形、截形或微心形，边缘有尖锐重锯齿。

花叶棣棠

花：单花，着生在当年生侧枝顶端，花瓣黄色，宽椭圆形，顶端下凹。

果：瘦果倒卵形至半球形，褐色或黑褐色。

261 杂交海棠

学名：*Malus hybrida*
科属：蔷薇科苹果属
花果期：春季
生境及产地：栽培种

鉴赏要点及应用：开花繁茂，花艳丽，为优良的观花树种，适合庭园的房前、亭廊边、路边或一隅栽培观赏。栽培的主要品种有凯尔斯海棠（*Malus*‘Kelsey’）、宝石海棠（*Malus*‘Jewelberry’）、火焰海棠（*Malus*‘Flame’）、粉芽海棠（*Malus*‘Pink Spires’）、红丽海棠（*Malus*‘Red Splender’）、绚丽海棠（*Malus*‘Radiant’）、草莓果冻海棠（*Malus*‘Strawberry Parfait’）、道格海棠（*Malus*‘Dolog’）、钻石海棠（*Malus*‘Sparkler’）等。

识别要点

形态：落叶乔木，冬芽卵形，外被数枚覆瓦状鳞片。

株高：5 ~ 8米。

叶：单叶互生，叶片有齿或分裂。

花：伞形总状花序；花瓣近圆形或倒卵形，不同品种色泽不同，白色、浅红至艳红等多色。

果：果近球形。

火焰海棠

粉芽海棠

凯尔斯海棠

道格海棠

草莓果冻海棠

宝石海棠

262 山荆子

学名：*Malus baccata*

科属：蔷薇科苹果属

别名：林荆子、山定子

花果期：花期4～6月，果期9～10月

生境及产地：产于辽宁、吉林、黑龙江、内蒙古、河北、山西、山东、陕西、甘肃。生于海拔50～1500米山坡杂木林中及山谷阴处灌木丛中。蒙古、朝鲜、俄罗斯也有

鉴赏要点及应用：本种性强健，冠形佳，花白色素雅，果实红艳，经久不凋，为优良的观花观果植物，可用于庭园的路边、庭前、池畔等栽培观赏；果味酸甜，可食。

识别要点

形态：乔木，树冠广圆形，幼枝细弱，微屈曲，圆柱形。

株高：高达10～14米。

叶：叶片椭圆形或卵形，先端渐尖，稀尾状渐尖，基部楔形或圆形，边缘有细锐锯齿，嫩时稍有短柔毛或完全无毛。

花：伞形花序，具花4～6朵，花瓣倒卵形，先端圆钝，白色。

果：果实近球形，红色或黄色。

263 垂丝海棠

学名： *Malus halliana*

科属： 蔷薇科苹果属

花果期： 花期3 ~ 4月，果期9 ~ 10月

生境及产地： 产于江苏、浙江、安徽、陕西、四川、云南。生于海拔50 ~ 1200米山坡丛林中或山溪边

鉴赏要点及应用： 冠形美观，花色艳丽，为著名的观赏植物，适合公园、庭院、校园等孤植、丛植、列植于草坪中、路边或水岸边。

识别要点

形态：落叶乔木，树冠开展；小枝细弱，微弯曲，圆柱形。

株高：高达5米。

叶：叶片卵形或椭圆形至长椭卵形，先端长渐尖，基部楔形至近圆形，边缘有圆钝细锯齿。

花：伞房花序，具花4 ~ 6朵，花瓣倒卵形，粉红色。

果：果实梨形或倒卵形，略带紫色。

264 湖北海棠

学名：*Malus hupehensis*

科属：蔷薇科苹果属

别名：野海棠、野花红、秋子

花果期：花期4 ~ 5月，果期8 ~ 9月

生境及产地：产于湖北、湖南、江西、江苏、浙江、安徽、福建、广东、甘肃、陕西、河南、山西、山东、四川、云南、贵州。生于海拔50 ~ 2900米山坡或山谷丛林中

鉴赏要点及应用：春季繁花满树，秋季果实累累，甚为美丽，可用作公园、风景区、社区的风景树及观赏树种，列植、孤植、群植效果均佳；嫩叶晒干作茶叶代用品，味微苦涩。

识别要点

形态：乔木，老枝紫色至紫褐色。

株高：高达8米。

叶：叶片卵形至卵状椭圆形，先端渐尖，基部宽楔形，稀近圆形，边缘有细锐锯齿。

花：伞房花序，具花4 ~ 6朵，花瓣倒卵形，粉白色或近白色。

果：果实椭圆形或近球形，黄绿色稍带红晕。

265 西府海棠

学名：*Malus micromalus*

科属：蔷薇科苹果属

别名：小果海棠、子母海棠

花果期：花期4 ~ 5月，果期8 ~ 9月

生境及产地：产于辽宁、河北、山西、山东、陕西、甘肃、云南

鉴赏要点及应用：本种的栽培品种繁多，为我国传统的名花，花姿明媚动人，花朵红粉相间，是优良的庭园观赏树兼果用树种，多用于公园、庭院或绿地等列植、孤植及散植观赏；果味酸甜，可供鲜食及加工用。

识别要点

形态：小乔木，树枝直立性强；小枝细弱圆柱形。

株高：高达2.5 ~ 5米。

叶：叶片长椭圆形或椭圆形，先端急尖或渐尖，基部楔形稀近圆形，边缘有尖锐锯齿，嫩叶被短柔毛，下面较密，老时脱落。

花：伞形总状花序，有花4 ~ 7朵，集生于小枝顶端，花瓣近圆形或长椭圆形，粉红色。

果：果实近球形，红色。

266 苹果

学名：*Malus pumila*

科属：蔷薇科苹果属

别名：奈、西洋苹果

花果期：花期5月，果期7～10月

生境及产地：原产于欧洲及亚洲中部，栽培历史悠久，全世界温带地区均有种植

鉴赏要点及应用：本种有较高的经济价值，为著名的果树，品种繁多，果大色美，挂果时间长，公园、绿地或庭院常植于路边观赏，也可制作成盆景用于室内观赏；果熟后可生食，还可加工成果酱、果脯、果干或罐头，也可用于酿酒。

识别要点

形态：乔木，多具有圆形树冠和短主干；小枝短而粗，圆柱形。

株高：高可达15米。

叶：叶片椭圆形、卵形至宽椭圆形，先端急尖，基部宽楔形或圆形，边缘具有圆钝锯齿。

花：伞房花序，具花3～7朵，集生于小枝顶端，花瓣倒卵形，白色，含苞未放时带粉红色。

果：果实扁球形，先端常有隆起，萼洼下陷。

267 稠李

学名：*Padus racemosa*

科属：蔷薇科稠李属

别名：臭耳子、臭李子

花果期：花期4 ~ 5月，果期5 ~ 10月

生境及产地：产于黑龙江、吉林、辽宁、内蒙古、河北、山西、河南、山东等地。生于海拔880 ~ 2500米山坡、山谷或灌丛中。朝鲜、日本、俄罗斯也有

鉴赏要点及应用：本种花繁密，花白如雪，有多个栽培变种，为优良的早春观花树种，适合作风景树种或行道树；为优良的蜜源植物；种仁含油，叶片可入药。

识别要点

形态：落叶乔木，树皮粗糙而多斑纹，老枝紫褐色或灰褐色。

株高：高可达15米。

叶：叶片椭圆形、长圆形或长圆倒卵形，先端尾尖，基部圆形或宽楔形，边缘有不规则锐锯齿，有时混有重锯齿。

花：总状花序具有多花，花瓣白色，长圆形，先端波状，基部楔形，有短爪。

果：核果卵球形，顶端有尖头，红褐色至黑色，光滑。

268 中华石楠

学名：*Photinia beauverdiana*

科属：蔷薇科石楠属

花果期：花期5月，果期7～8月

生境及产地：产于陕西、河南、江苏、安徽、浙江、江西、湖南、湖北、四川、云南、贵州、广东、广西、福建。生于海拔1000～1700米山坡或山谷林下

鉴赏要点及应用：花序繁茂，花朵洁白，秋季果实转红，可有较高的观赏价值。适于庭园孤植、列植欣赏。木材坚硬，可做家具等。

识别要点

形态：落叶灌木或小乔木，小枝无毛，紫褐色。

株高：高3～10米。

叶：叶片薄纸质，长圆形、倒卵状长圆形或卵状披针形，先端突渐尖，基部圆形或楔形，边缘有疏生具腺锯齿。

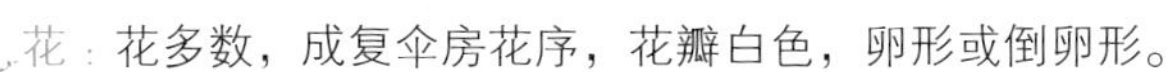

花：花多数，成复伞房花序，花瓣白色，卵形或倒卵形。

果：果实卵形，紫红色。

269 红叶石楠

学名：*Photinia × fraseri*

科属：蔷薇科石楠属

别名：红叶树

花果期：花期4月上旬至5月上旬

生境及产地：杂交种

鉴赏要点及应用：新叶红艳，似簇簇火焰，为著名的彩叶树种，可列植或群植于路边观赏，也可修剪成绿篱。

识别要点

形态：常绿灌木或小乔木，树冠圆形或伞形，小枝紫褐色有白粉。

株高：株高4～6米。

叶：单叶互生，长椭圆至长披针形，有细锯齿，新梢及新叶鲜红色，老叶革质，深绿，具光泽。

花：伞房圆锥花序顶生，花细小，花瓣圆形，5片，白色。

果：梨果，成熟后红色。

270 石楠

学名： *Photinia serrulata*

科属： 蔷薇科石楠属

别名： 千年红、笔树

花果期： 花期4 ~ 5月，果期10月

生境及产地： 产于陕西、甘肃、河南、江苏、安徽、浙江、江西、湖南、湖北、福建、台湾、广东、广西、四川、云南、贵州。生于海拔1000 ~ 2500米杂木林中。日本、印度尼西亚也有

鉴赏要点及应用： 本种树冠圆整，叶丛浓密，嫩叶红色，花白如雪，冬季果实鲜红，适合公园、绿地、风景区等作风景树种；木材坚密，可制器具；叶和根入药；种子榨油供制油漆、肥皂或润滑油用。

识别要点

形态：常绿灌木或小乔木，枝褐灰色。

株高：高4 ~ 6米，有时可达12米。

叶：叶片革质，长椭圆形、长倒卵形或倒卵状椭圆形，先端尾尖，基部圆形或宽楔形，边缘有疏生具腺细锯齿，近基部全缘。

花：复伞房花序顶生，花密生，花瓣白色，近圆形。

果：果实球形，红色，后成褐紫色。

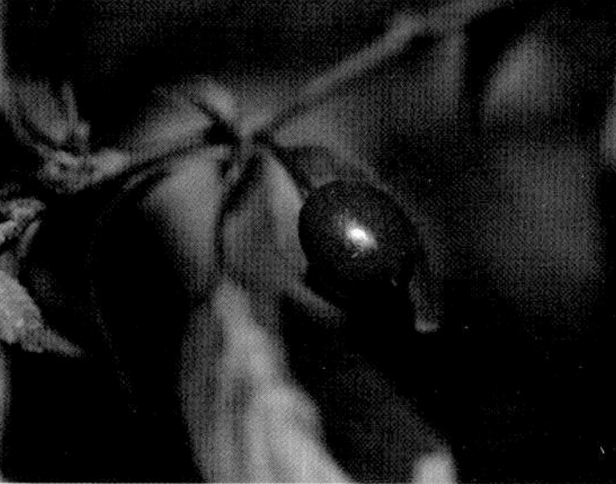

271 紫叶李

学名： *Prunus cerasifera* f. *atropurpurea*

科属： 蔷薇科李属

别名： 红叶李

花果期： 花期4月，果期8月

生境及产地： 栽培变型

鉴赏要点及应用： 叶片紫红色，为著名的彩叶树种，常用于公园、庭院的路边、草地中、池畔栽植，孤植、群植、列植效果均佳。

识别要点

形态：灌木或小乔木，多分枝，枝条细长，开展。

株高：高可达8米。

叶：叶片椭圆形、卵形或倒卵形，极稀椭圆状披针形，紫红色，先端急尖，基部楔形或近圆形，边缘有圆钝锯齿，有时混有重锯齿。

花：花1朵，稀2朵；花瓣白色，长圆形或匙形，边缘波状，基部楔形。

果：核果近球形或椭圆形，黄色、红色或黑色。

212 李

学名：*Prunus salicina*

科属：蔷薇科李属

别名：山李子、嘉庆子、嘉应子、玉皇李

花果期：花期4月，果期7～8月

生境及产地：产于陕西、甘肃、四川、云南、贵州、湖南、湖北、江苏、浙江、江西、福建、广东、广西和台湾。生于海拔400～2600米山坡灌木丛中、山谷疏林中或水边、沟底、路旁等处

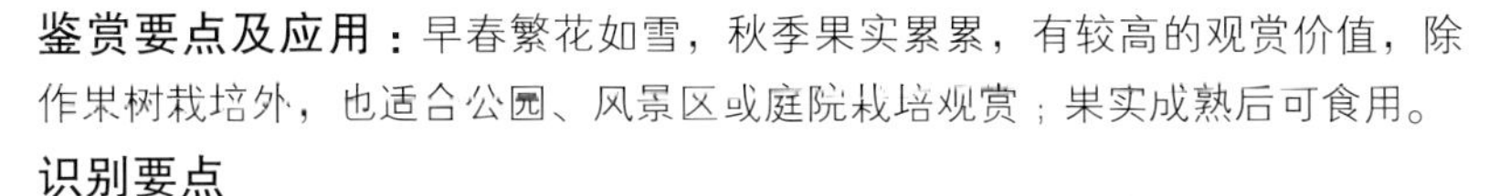

鉴赏要点及应用：早春繁花如雪，秋季果实累累，有较高的观赏价值，除作果树栽培外，也适合公园、风景区或庭院栽培观赏；果实成熟后可食用。

识别要点

形态：落叶乔木，树冠广圆形，树皮灰褐色，起伏不平。

株高：高9～12米。

叶：叶片长圆倒卵形、长椭圆形，稀长圆卵形，先端渐尖、急尖或短尾尖，基部楔形，边缘有圆钝重锯齿，常混有单锯齿。

花：花通常3朵并生；花瓣白色，长圆倒卵形，先端啮蚀状，基部楔形，有明显紫色脉纹。

果：核果球形、卵球形或近圆锥形，黄色或红色，有时为绿色或紫色。

273 火棘

学名：*Pyracantha fortuneana*

科属：蔷薇科火棘属

别名：火把果、救兵粮

花果期：花期3 ～ 5月，果期8 ～ 11月

生境及产地：产于陕西、河南、江苏、浙江、福建、湖北、湖南、广西、贵州、云南、四川、西藏。生于海拔500 ～ 2800米山地、丘陵地阳坡灌木丛、草地及河沟路旁

鉴赏要点及应用：花白如雪，果实累累，经久不落，观赏性极佳，为著名的观果植物。园林中常丛植、孤植于草地边缘、山石边或池畔观赏。也可制作成盆景用于阳台、窗台等绿化；果成熟后可食。我国西南各省区田边习见栽培作绿篱，果实磨粉可作代食品。

识别要点

形态：常绿灌木，侧枝短，先端成刺状。

株高：高达3米。

叶：叶片倒卵形或倒卵状长圆形，先端圆钝或微凹，有时具短尖头，基部楔形，下延连于叶柄，边缘有钝锯齿。

花：花集成复伞房花序，花瓣白色，近圆形。

果：果实近球形，橘红色或深红色。

274 现代月季

学名：*Rosa hybrida*
科属：蔷薇科蔷薇属
花果期：全年
生境及产地：栽培种

鉴赏要点及应用：为著名的四大切花之一，品种繁多，花大色艳，具芳香，园林中广泛应用，可用于花坛、花境或路边、山石边或墙垣边栽培观赏，也常用于专类园。

识别要点

形态：灌木，丛生，枝上具皮刺。

株高：1 ~ 2米。

叶：叶互生，奇数羽状复叶，稀单叶；小叶边缘有锯齿，小叶片3 ~ 5，稀7。

花：花一至多朵，萼片全缘或有少数裂片，花后反折凋落，色彩丰富，有红、白、黄、紫、橙及复色等。

果：瘦果。

275 缫丝花

学名：*Rosa roxburghii*

科属：蔷薇科蔷薇属

别名：刺梨

花果期：花期5 ~ 7月，果期8 ~ 10月

生境及产地：产于陕西、甘肃、江西、安徽、浙江、福建、湖南、湖北、四川、云南、贵州、西藏等地。日本也有

鉴赏要点及应用：本种花大美丽，适合公园、绿地、庭院等栽培观赏，也可作绿篱。果实味甜酸，可供食用及药用，还可作为熬糖酿酒的原料。

识别要点

形态：开展灌木，树皮灰褐色，成片状剥落。

株高：高1 ~ 2.5米。

叶：小叶9 ~ 15，小叶片椭圆形或长圆形，稀倒卵形，先端急尖或圆钝，基部宽楔形，边缘有细锐锯齿。

花：花单生或2 ~ 3朵，花瓣重瓣至半重瓣，淡红色或粉红色，微香。

果：果扁球形，绿红色。

270 玫瑰

学名：*Rosa rugosa*

科属：蔷薇科蔷薇属

花果期：花期5 ~ 6月，果期8 ~ 9月

生境及产地：原产于我国华北以及日本和朝鲜。我国各地均有栽培

鉴赏要点及应用：花具浓香，花大，为著名的芳香植物，园林中多丛植于草坪、路旁、坡地、林缘等处，也可盆栽用于阳台、天台观赏；花可食用，可制饼馅、酿酒、做糖浆，也可制作花草茶；鲜花可提取芳香油，供食用或化妆品用，也可入药。

识别要点

形态：直立灌木，茎粗壮，丛生。

株高：高可达2米。

叶：小叶5 ~ 9，小叶片椭圆形或椭圆状倒卵形，先端急尖或圆钝，基部圆形或宽楔形，边缘有尖锐锯齿。

花：花单生于叶腋，或数朵簇生，花瓣倒卵形，重瓣至半重瓣，芳香，紫红色至白色。

果：果扁球形，砖红色，肉质。

277 单瓣黄刺玫

学名：*Rosa xanthina* var. *normalis*

科属：蔷薇科蔷薇属

花果期：花期4～6月，果期7～8月

生境及产地：产于黑龙江、吉林、辽宁、内蒙古、河北、山东、山西、陕西、甘肃等省区。生于向阳山坡或灌木丛中

鉴赏要点及应用：花色金黄，花期长，是优良的早春观花树种，适合公园、庭院、小区的道路边、草坪边缘、林缘或墙隅栽培观赏。栽培的原种为黄刺玫（*Rosa xanthina*）。

识别要点

形态：直立灌木，枝粗壮，密集，披散。

株高：高2～3米。

黄刺玫

叶：小叶7～13，小叶片宽卵形或近圆形，稀椭圆形，先端圆钝，基部宽楔形或近圆形，边缘有圆钝锯齿。

花：花单生于叶腋，单瓣，黄色。

果：果近球形或倒卵圆形，紫褐色或黑褐色。

278 华北珍珠梅

学名：*Sorbaria kirilowii*

科属：蔷薇科珍珠梅属

别名：吉氏珍珠梅、珍珠梅

花果期：花期6～7月，果期9～10月

生境及产地：产于河北、河南、山东、山西、陕西、甘肃、青海、内蒙古。生于海拔200～1300米山坡阳处、杂木林中

鉴赏要点及应用：为我国常见栽培的花灌木，株形美丽，花洁白雅致，常用于公园、庭院、绿地的草坪、林缘、墙边、水畔处栽培观赏。常见栽培的同属植物有珍珠梅（*Sorbaria sorbifolia*）。

识别要点

形态：灌木，枝条开展，小枝圆柱形，稍有弯曲。

株高：高达3米。

叶：羽状复叶，具有小叶片13～21，小叶片对生，披针形至长圆披针形，先端渐尖，稀尾尖，基部圆形至宽楔形，边缘有尖锐重锯齿。

花：顶生大型密集的圆锥花序，分枝斜出或稍直立，花瓣倒卵形或宽卵形，先端圆钝，基部宽楔形，白色。

果：蓇葖果长圆柱形，无毛。

珍珠梅

279 水榆花楸

学名：*Sorbus alnifolia*

科属：蔷薇科花楸属

花果期：花期5月，果期8 ~ 9月

生境及产地：产于东北、河北、河南、陕西、甘肃、山东、安徽、湖北、江西、浙江、四川。生于海拔500 ~ 2300米山坡、山沟或山顶混交林或灌木丛中。朝鲜和日本也有

鉴赏要点及应用：冠形美观，秋季果实转为红色或黄色，叶片转变成猩红色，为美丽的观赏树，适合庭园孤植或列植观赏。木材可供制作器具、车辆等，树皮可做染料，纤维供造纸原料。

识别要点

形态：乔木，小枝圆柱形。

株高：高达20米。

叶：叶片卵形至椭圆卵形，先端短渐尖，基部宽楔形至圆形，边缘有不整齐的尖锐重锯齿，有时微浅裂。

花：复伞房花序，具花6 ~ 25朵，花瓣白色。

果：果实椭圆形或卵形，红色或黄色。

280 花楸

学名：*Sorbus pohuashanensis*

科属：蔷薇科花楸属

别名：百华花楸、绒花树、山槐子

花果期：花期6月，果期9～10月

生境及产地：产于黑龙江、吉林、辽宁、内蒙古、河北、山西、甘肃、山东。常生于海拔900～2500米的山坡或山谷杂木林内

鉴赏要点及应用：株形美观，花洁白，果密集，观赏价值高，多用于庭园作风景树种，可植于公园、绿地等林缘、路边、建筑旁观赏；木材可做家具；果可制酱酿酒及入药。

识别要点

形态：乔木，小枝粗壮，圆柱形，灰褐色。

株高：高达8米。

叶：奇数羽状复叶，小叶片5～7对，基部和顶部的小叶片常稍小，卵状披针形或椭圆披针形，先端急尖或短渐尖，基部偏斜圆形，边缘有细锐锯齿，基部或中部以下近于全缘。

花：复伞房花序具多数密集花朵，花瓣宽卵形或近圆形，白色。

果：果实近球形，红色或橘红色。

281 藏南绣线菊

学名： *Spiraea bella*

科属： 蔷薇科绣线菊属

别名： 美丽绣线菊

花果期： 花期5 ~ 7月，果期8 ~ 9月

生境及产地： 产于云南、西藏。生于海拔2400 ~ 3600米山坡灌丛中或杂木林下。印度、不丹、尼泊尔也有

鉴赏要点及应用： 耐寒，花繁茂，色泽艳丽，为美丽的观赏植物，适合庭园的路边、角隅、墙边丛植观赏。

识别要点

形态：落叶灌木，小枝稍具稜角。

株高：高达2米。

叶：叶片卵形，椭圆卵形至卵状披针形，先端急尖，基部宽楔形至圆形，边缘自基部1/3以上有锐锯齿或重锯齿。

花：复伞房花序顶生，多花，淡红色，稀白色。

果：蓇葖果开张。

282 李叶绣线菊

学名：*Spiraea prunifolia*

科属：蔷薇科绣线菊属

别名：笑靥花

花果期：花期3～5月

生境及产地：产于陕西、湖北、湖南、山东、江苏、浙江、江西、安徽、贵州、四川。朝鲜、日本也有分布

鉴赏要点及应用：花洁白如雪，清新素雅，为常见园林观赏植物，适于庭园的路边、假山石边、庭前栽培。

识别要点

形态：灌木，小枝细长，稍有棱角。

株高：高达3米。

叶：叶片卵形至长圆披针形，先端急尖，基部楔形，边缘有细锐单锯齿。

花：伞形花序无总梗，具花3～6朵，花重瓣，白色。

283 栀子

学名： *Gardenia jasminoides*

科属： 茜草科栀子属

别名： 水横枝、山黄枝、山栀子

花果期： 花期3 ~ 7月，果期5月至翌年2月

生境及产地： 产于山东、江苏、安徽、浙江、江西、福建、台湾、湖北、湖南、广东、香港、广西、海南、四川、贵州和云南。生于海拔10 ~ 1500米处的旷野、丘陵、山谷、山坡、溪边的灌丛或林中。日本、朝鲜、越南、老挝、柬埔寨、印度、尼泊尔、巴基斯坦、太平洋岛屿和美洲北部也有野生或栽培

水栀子

花叶栀子

鉴赏要点及应用： 本种花朵洁白，具芳香，为著名的观花树种，我国栽培普遍，可用于庭园的山石边、墙垣边、庭前或池边栽培，盆栽用于阶前、阳台、客厅等绿化；果实、叶、花、根入药；成熟果实可提取栀子黄色素，为天然染色剂；花可提制芳香浸膏，用于多种花香型化妆品和香皂香精的调合剂。常见栽培的同属植物或变种有白蟾（*Gardenia jasminoides* var. *fortuniana*）、水栀子（*Gardenia jasminoides* var. *radicans*）、大黄栀子（*Gardenia sootepensis*）、花叶栀子（*Gardenia jasminoides* 'Variegata'）。

大黄栀子

白蟾

识别要点

形态：灌木，嫩枝常被短毛，枝圆柱形，灰色。

株高：高0.3 ~ 3米。

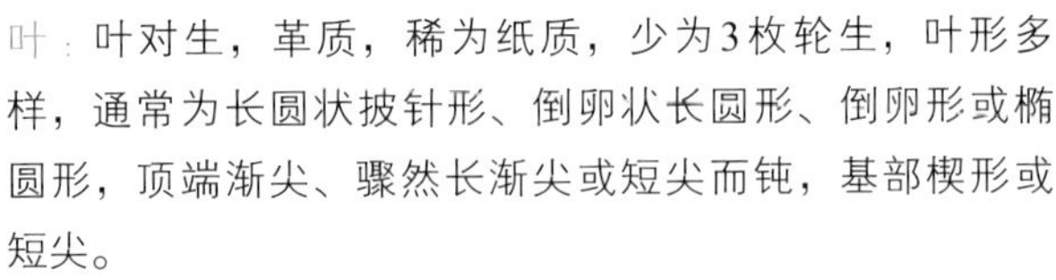

叶：叶对生，革质，稀为纸质，少为3枚轮生，叶形多样，通常为长圆状披针形、倒卵状长圆形、倒卵形或椭圆形，顶端渐尖、骤然长渐尖或短尖而钝，基部楔形或短尖。

花：花芳香，通常单朵生于枝顶，花冠白色或乳黄色，高脚碟状。

果：果卵形、近球形、椭圆形或长圆形，黄色或橙红色。

204 红纸扇

学名：*Mussaenda erythrophylla*

科属：茜草科玉叶金花属

别名：血萼花

花果期：花期夏至秋

生境及产地：原产于西非

鉴赏要点及应用：花小巧可爱，苞片极为艳丽，有极高的观赏性，多丛植于池边、路边、林缘或池畔，也可盆栽用于阶前、阳台等处欣赏。常见栽培的同属品种有粉萼花（*Mussaenda hybrida*'Alicia'）。

识别要点

形态：常绿或半落叶直立性或攀缘状灌木。

株高：高1～2米。

叶：叶纸质，披针状椭圆形，顶端长渐尖，基部渐窄。

花：聚伞花序，花冠黄色。部分萼片扩大成叶状，深红色，卵圆形。

果：浆果。

粉萼花

285 团花

学名： *Neolamarckia cadamba*

科属： 茜草科团花属

别名： 黄梁木

花果期： 花果期6 ~ 11月

生境及产地： 产于广东、广西和云南。生于山谷溪旁或杂木林下。越南、马来西亚、缅甸、印度和斯里兰卡也有

鉴赏要点及应用： 株形美观，冠形佳，生长极快，花奇特美观，多用作风景树或行道树；木材供建筑和制板用。

识别要点

形态：落叶大乔木，树干通直，基部略有板状根。

株高：高达30米。

叶：叶对生，薄革质，椭圆形或长圆状椭圆形，顶端短尖，基部圆形或截形。

花：头状花序单个顶生，花冠黄白色，漏斗状，无毛，花冠裂片披针形。

果：果成熟时黄绿色，种子近三棱形，无翅。

286 黄檗

学名：*Phellodendron amurense*

科属：芸香科黄檗属

别名：黄波椤树

花果期：花期5～6月，果期9～10月

生境及产地：主产于东北和华北各地，河南、安徽、宁夏也有分布。多生于山地杂木林中或山区河谷沿岸。朝鲜、日本、俄罗斯也有，也见于中亚和欧洲东部

鉴赏要点及应用：适应性强，冠形佳，可用于公园、绿地的绿化树种，孤植、列植均宜。木栓层是制造软木塞的材料。木材坚硬，为优良木材。果实可作驱虫剂及染料。种子油可制肥皂和润滑油。

识别要点

形态：乔木，枝扩展。

株高：树高10～20米，大树高达30米，胸径1米。

叶：有小叶5～13片，小叶薄纸质或纸质，卵状披针形或卵形，顶部长渐尖，基部阔楔形。

花：花序顶生，花瓣紫绿色。

果：果圆球形，蓝黑色。

287 响叶杨

学名：*Populus adenopoda*

科属：杨柳科杨属

花果期：花期3～4月，果期4～5月

生境及产地：产于陕西、河南、安徽、江苏、浙江、福建、江西、湖北、湖南、广西、四川、贵州和云南等地。生于海拔300～2500米阳坡灌丛中、杂木林中

鉴赏要点及应用：生长迅速，常用作造林树种，也适合校园、公园等栽培观赏。木材可用于造纸等用；叶可作饲料。

识别要点

形态：乔木，树皮灰白色，光滑，老时深灰色，纵裂。

株高：高15～30米。

叶：叶卵状圆形或卵形，先端长渐尖，基部截形或心形，稀近圆形或楔形，边缘有内曲圆锯齿。

花：雄花序苞片条裂，有长缘毛，花盘齿裂。花序轴有毛。

果：蒴果卵状、长椭圆形。

288 加杨

学名：*Populus* ×*canadensis*

科属：杨柳科杨属

别名：美国白杨

花果期：花期4月，果期5月

生境及产地：我国长江、黄河流域各地广为栽培。北美、欧洲、高加索、地中海、西亚及中亚等地区均有栽培

新疆杨

鉴赏要点及应用：生长快，为我国北方常见的绿化树种，多用于行道树、四旁绿化及护田树种。常见栽培的同属植物有新疆杨（*Populus alba* var. *pyramidalis*）、钻天杨（*Populus nigra* ‘Italica’）。

识别要点

形态：乔木，树皮暗灰褐色，老时沟裂，黑褐色。

株高：高达30米。

叶：长枝叶扁三角形，通常宽大于长，先端短渐尖，基部截形或阔楔形，边缘钝圆锯齿。

花：雄花序长4～8厘米，花序轴光滑，雌花序长10～15厘米。

果：蒴果2瓣裂，先端尖，果柄细长。

钻天杨

289 辽杨

学名：*Populus maximowiczii*

科属：杨柳科杨属

花果期：花期4～5月，果期5～6月

生境及产地：产于东北、河北、陕西、内蒙古等地。垂直分布多在海拔500～2000米间。俄罗斯、日本、朝鲜也有

鉴赏要点及应用：速生种，多用于森林更新树种，也可植于公园、绿地等观赏。木材轻软，纹理直，致密耐腐；供建筑、造纸等用。

识别要点

形态：乔木，树冠开展。

株高：高达30米。

叶：果枝叶倒卵状椭圆形、椭圆形、椭圆状卵形或宽卵形，先端短渐尖或急尖，通常扭转，基部近心形或近圆形，边缘具腺圆锯齿；萌枝叶较大，阔卵圆形或长卵形。

花：雄花序轴无毛；苞片尖裂，边缘具长柔毛；雌花序细长，花序轴无毛。

果：蒴果卵球形。

290 垂柳

学名： *Salix babylonica*

科属： 杨柳科柳属

别名： 垂丝柳、清明柳

花果期： 花期3～4月，果期4～5月

生境及产地： 产于长江流域与黄河流域，我国其他各地均有栽培。在亚洲、欧洲、美洲各国均有引种

鉴赏要点及应用： 株形美观，枝条优雅，为我国著名的观赏树种，南北均有栽培，可用于水岸边、路边栽培观赏；木材可供制家具；枝条可编筐；树皮含鞣质，可提制栲胶。叶可作羊饲料。常见栽培的同属植物有龙爪柳（*Salix matsudana* var.*matsudana* f. *tortuosa*）。

识别要点

形态：乔木，树冠开展而疏散。树皮灰黑色，不规则开裂。

株高：高达12～18米。

叶：叶狭披针形或线状披针形，先端长渐尖，基部楔形，锯齿缘。

花：花序先叶开放，或与叶同时开放。

果：蒴果。

垂柳

龙爪柳

291 旱柳

学名：*Salix matsudana*

科属：杨柳科柳属

花果期：花期4月，果期4～5月

生境及产地：产于东北、华北平原、西北黄土高原，西至甘肃、青海，南至淮河流域以及浙江、江苏。朝鲜、日本、俄罗斯也有

鉴赏要点及应用：本种耐寒性好，为北方常见绿化树种，可用于公园、绿地及四周绿化。木材质软，供建筑器具、造纸等用；叶可为冬季羊饲料。

识别要点

形态：乔木，大枝斜上，树冠广圆形。

株高：高达18米，胸径达80厘米。

叶：叶披针形，先端长渐尖，基部窄圆形或楔形，有细腺锯齿缘。

花：花序与叶同时开放；雄花序圆柱形，雌花序较雄花序短。

果：蒴果。

292 黄山栾树

学名：*Koelreuteria bipinnata* 'Integrifoliola'

科属：无患子科栾树属

花果期：花期7 ~ 9月，果期8 ~ 10月

生境及产地：产于广东、广西、江西、湖南、湖北、江苏、浙江、安徽、贵州等地。生于海拔100 ~ 900米的丘陵地、山地疏林中

鉴赏要点及应用：冠形整齐，花序大，艳丽，果美丽，均可供观赏。可用作庭园树种或行道树。

识别要点

形态：乔木，皮孔圆形至椭圆形。

株高：高可达20余米。

叶：二回羽状复叶，小叶9 ~ 17片，互生，很少对生，纸质或近革质，顶端短尖至短渐尖，基部阔楔形或圆形，略偏斜，全缘，有时一侧近顶部边缘有锯齿。

花：圆锥花序大型，花瓣4。

果：蒴果椭圆形或近球形，淡紫红色，老熟时褐色。

293 栾树

学名： *Koelreuteria paniculata*

科属： 无患子科栾树属

别名： 石栾树、乌拉胶

花果期： 花期6 ~ 8月，果期9 ~ 10月

生境及产地： 产于我国大部分省区，东北自辽宁起经中部至西南部的云南

复羽叶栾树

鉴赏要点及应用： 株形美观，花鲜艳，果奇特，在园林中应用广泛，常用作庭荫树、风景树及行道树，也可用于水土保持工程；木材黄白色，易加工，可制家具；叶可作蓝色染料；花供药用，亦可作黄色染料。常见栽培的同属植物有复羽叶栾树（*Koelreuteria bipinnata*）。

识别要点

形态：落叶乔木或灌木；树皮厚，灰褐色至灰黑色，老时纵裂。

株高：可达15米。

叶：叶丛生于当年生枝上，平展，一回、不完全二回或偶有为二回羽状复叶，小叶对生或互生，纸质，卵形、阔卵形至卵状披针形，顶端短尖或短渐尖，基部钝至近截形，边缘有不规则的钝锯齿，齿端具小尖头，有时近基部的齿疏离呈缺刻状，或羽状深裂达中肋而形成二回羽状复叶。

花：聚伞圆锥花序，花淡黄色，稍芬芳，花瓣4，开花时向外反折，线状长圆形。

果：蒴果圆锥形，具3棱，种子近球形。

294 无患子

学名：*Sapindus mukorossi*

科属：无患子科无患子属

别名：油患子、苦患树、黄目树

花果期：花期春季，果期夏秋

生境及产地：产于我国东部、南部至西南部。日本、朝鲜、中南半岛和印度等地也常栽培

鉴赏要点及应用：为著名的乡土树种，植株高大挺拔，抗风力强，适合作行道树及风景树种；根和果入药，有小毒；果皮含有皂素，可代肥皂；木材质软，可做箱板等。

识别要点

形态：落叶大乔木，树皮灰褐色或黑褐色。

株高：高可达20余米。

叶：小叶5 ~ 8对，通常近对生，叶片薄纸质，长椭圆状披针形或稍呈镰形，顶端短尖或短渐尖，基部楔形，稍不对称。

花：花序顶生，圆锥形；花小，辐射对称，花瓣5，披针形，有长爪。

果：分果片近球形，橙黄色。

295 文冠果

学名：*Xanthoceras sorbifolia*

科属：无患子科文冠果属

别名：文冠树、木瓜、文冠花

花果期：花期春季，果期秋初

生境及产地：产于我国北部和东北部，西至宁夏、甘肃，东北至辽宁，北至内蒙古，南至河南。野生于丘陵山坡等处

鉴赏要点及应用：开花繁茂，果大可赏，多用于公园、庭院、绿地等栽培，适合孤植于草坪、路边欣赏，也可作行道树；优良的蜜源植物；木材坚实致密，是制作家具及器具的好材料；种子可食，风味似板栗；种子含油，是极有发展前途的木本油料植物。

识别要点

形态：落叶灌木或小乔木，小枝粗壮，褐红色。

株高：高2～5米。

叶：小叶4～8对，膜质或纸质，披针形或近卵形，两侧稍不对称，顶端渐尖，基部楔形，边缘有锐利锯齿，顶生小叶通常3深裂。

花：花序先叶抽出或与叶同时抽出，两性花的花序顶生，雄花序腋生，花瓣白色，基部紫红色或黄色，有清晰的脉纹。

果：蒴果。

296 蛋黄果

学名：*Lucuma nervosa*

科属：山榄科蛋黄果属

花果期：花期春季，果期秋季

生境及产地：广东、广西、云南西双版纳有少量栽培

鉴赏要点及应用：冠形佳，果大，色泽似蛋黄，观赏价值较高，多用于公园、绿地或庭院栽培观赏；果实成熟后可食。

识别要点

形态：小乔木，小枝圆柱形，灰褐色，嫩枝被褐色短茸毛。

株高：高约6米。

叶：叶坚纸质，狭椭圆形，先端渐尖，基部楔形。

花：花1（稀为2）朵生于叶腋，花梗圆柱形，花冠较萼长，花冠裂片4～6，狭卵形。

果：果倒卵形，绿色转蛋黄色，外果皮极薄，中果皮肉质，肥厚，蛋黄色，可食，味如鸡蛋黄，种子2～4枚，椭圆形，压扁。

297 人心果

学名：*Manilkara zapota*
科属：山榄科铁线子属
花果期：花果期4 ~ 9月
生境及产地：原产于美洲热带地区

鉴赏要点及应用：常作果树栽培，果可赏，适合庭园的路边、池畔或庭院一隅栽培观赏；果可食，味甜可口；树干之乳汁为口香糖原料；种仁含油；树皮含植物碱，可治热症。

识别要点

形态：乔木，小枝茶褐色，具明显的叶痕。

株高：高15 ~ 20米（栽培者常较矮，且常呈灌木状）。

叶：叶互生，密聚于枝顶，革质，长圆形或卵状椭圆形，先端急尖或钝，基部楔形，全缘或稀微波状。

花：花1 ~ 2朵生于枝顶叶腋，花冠白色，花冠裂片卵形。

果：浆果纺锤形、卵形或球形，种子扁。

298 神秘果

学名：*Synsepalum dulcificum*

科属：山榄科神秘果属

别名：奇迹果、西非山榄

花果期：花期春季，果实7～8月成熟

生境及产地：原产于西非。我国海南、广东、广西、福建引种种植

鉴赏要点及应用：株形美观，果实鲜红，可赏可食，观赏性佳。可植于庭园的路边或一隅观赏，盆栽可用于阳台、客厅或置于阶前绿化；果成熟后可食用，能改变味觉。

识别要点

形态：枝、茎灰褐色，且枝上有不规则的网线状灰白色条纹。

株高：神秘果树高2～4米。

叶：初叶为浅绿色，老叶呈深绿或墨绿色，倒披针形或倒卵形，多数丛生枝端或主干互生。

花：花开叶腋，花极小，有淡香。

果：浆果，成熟后呈鲜红色。

虎耳草科 Saxifragaceae

299 溲疏

学名：*Deutzia scabra*

科属：虎耳草科溲疏属

别名：空疏

花果期：花期5 ~ 6月，果期10 ~ 11月

生境及产地：原产于长江流域各地，江苏南部山坡有野生。多见于山谷、道路岩缝及丘陵低山灌木丛中。朝鲜亦产

鉴赏要点及应用：习性强健，花白似雪，可用于公园、绿地、庭院等的草坪、山坡、路旁及林缘和岩石园栽培观赏。

识别要点

形态：落叶灌木，树皮片状剥落，小枝中空，红褐色。

株高：高达3米。

叶：叶对生，有短柄；叶片卵形至卵状披针形，顶端尖，基部稍圆，边缘有小齿。

花：直立圆锥花序，花白色或带粉红色斑点，花瓣长圆形，外面有星状毛。

果：蒴果近球形，顶端扁平。

300 球花溲疏

学名：*Deutzia glomeruliflora*

科属：虎耳草科溲疏属

别名：团花溲疏

花果期：花期4 ~ 6月，果期8 ~ 10月

生境及产地：产于四川、云南。生于海拔2000 ~ 2900米灌木丛中

鉴赏要点及应用：花朵洁白，洁白素雅，宜丛植于草坪边缘、路边、林缘或庭前观赏。

识别要点

形态：灌木，老枝灰色或褐色，老皮片状脱落。

株高：高1 ~ 2米。

叶：叶纸质，卵状披针形或披针形，先端渐尖或长渐尖，基部阔楔形，边缘具细锯齿。

花：聚伞花序，常紧缩而密聚，有花3 ~ 18朵；花瓣白色。

果：蒴果半球形。

301 紫花溲疏

学名： *Deutzia purpurascens*

科属： 虎耳草科溲疏属

花果期： 花期4 ~ 6月，果期6 ~ 10月

生境及产地： 产于四川、云南和西藏东南部。生于海拔2600 ~ 3500米灌丛中。缅甸和印度亦产

鉴赏要点及应用： 本种花量极大，色泽美观，在我国应用较少，在欧洲栽培普遍，可用于庭园的路边、假山石边及庭前栽培。

识别要点

形态：灌木，老枝圆柱形，表皮常片状脱落。

株高：高1 ~ 2米。

叶：叶纸质，阔卵状披针形或卵状长圆形，先端渐尖，稀急尖，基部阔楔形或圆形，边缘具细锯齿。

花：伞房状聚伞花序，有花3 ~ 12朵，花瓣粉红色。

果：蒴果半球形。

302 八仙花

学名：*Hydrangea macrophylla*

科属：虎耳草科绣球属

别名：绣球、粉团、八仙绣球

花果期：花期6～8月。

生境及产地：产于山东、江苏、安徽、浙江、福建、河南、湖北、湖南、广东、广西、四川、贵州、云南等地。野生或栽培。生于海拔380～1700米山谷溪旁或山顶疏林中。日本、朝鲜也有。

鉴赏要点及应用：花极大，色泽艳丽，花期较长，是我国著名的观花灌木，可用于林缘、路边或门庭入口栽培，盆栽可用于居室绿化；花和叶含八仙花苷，可入药。

识别要点

形态：灌木，枝圆柱形，粗壮，紫灰色至淡灰色。

株高：高1～4米。

叶：叶纸质或近革质，倒卵形或阔椭圆形，先端骤尖，具短尖头，基部钝圆或阔楔形。

花：伞房状聚伞花序近球形，花密集，多数不育，不育花萼片4，粉红色、淡蓝色或白色；孕性花极少数。

果：蒴果，长陀螺状。

303 圆锥绣球

学名： *Hydrangea paniculata*

科属： 虎耳草科绣球属

别名： 糊溲疏、水亚木、轮叶绣球

花果期： 花期7～8月，果期10～11月

生境及产地： 产于西北（甘肃）、华东、华中、华南、西南等地区。生于海拔360～2100米山谷、山坡疏林下或山脊灌木丛中。日本也有

鉴赏要点及应用： 花朵洁白，极美丽，适合庭园种植观赏，可用于林缘、池畔、路旁或一隅栽培，也是花境常用的材料，也常与其他花灌木配植。

识别要点

形态：灌木或小乔木，枝暗红褐色或灰褐色。

株高：高1～5米，有时达9米，胸径约20厘米。

叶：叶纸质，2～3片对生或轮生，卵形或椭圆形，先端渐尖或急尖，具短尖头，基部圆形或阔楔形，边缘有密集稍内弯的小锯齿。

花：圆锥状聚伞花序尖塔形，不育花较多，白色；萼片4，孕性花萼筒陀螺状，花瓣白色，卵形或卵状披针形。

果：蒴果椭圆形。

304 滇南山梅花

学名：*Philadelphus henryi*

科属：虎耳草科山梅花属

花果期：花期6 ~ 7月，果期8 ~ 10月

生境及产地：产于贵州和云南。生于海拔1300 ~ 2200米山坡灌丛中

鉴赏要点及应用：花秀雅美丽、花量大，为优良的观花灌木。宜植于庭园、风景区及校园等处。丛植、片植均宜。

识别要点

形态：灌木，二年生小枝深褐色，表皮横裂，片状脱落。

株高：高1.5 ~ 2.5米。

叶：叶纸质，卵形或卵状长圆形，先端急渐尖，基部阔楔形，边缘具锯齿。

花：总状花序有花5 ~ 22朵，花冠近盘状，花瓣白色。

果：蒴果倒卵形。

305 太平花

学名：*Philadelphus pekinensis*

科属：虎耳草科山梅花属

别名：京山梅花

花果期：花期5～7月，果期8～10月

生境及产地：产于内蒙古、辽宁、河北、河南、山西、陕西、湖北。生于海拔700～900米山坡杂木林中或灌丛中。朝鲜亦有分布

鉴赏要点及应用：花朵洁白，美丽素雅，花期长，适合公园、绿地、庭园的小径边、假山石边或角隅丛植观赏。

识别要点

形态：灌木，分枝较多。

株高：高1～2米。

叶：叶卵形或阔椭圆形，先端长渐尖，基部阔楔形或楔形，边缘具锯齿，稀近全缘。

花：总状花序有花5～7（稀为9）朵；花冠盘状，花瓣白色。

果：蒴果近球形或倒圆锥形。

306 泡桐

学名：*Paulownia fortunei*

科属：玄参科泡桐属

别名：白花泡桐

花果期：花期3 ~ 4月，果期7 ~ 8月

生境及产地：分布于安徽、浙江、福建、台湾、江西、湖北、湖南、四川、云南、贵州、广东、广西。生于低海拔的山坡、林中、山谷及荒地。越南、老挝也有

鉴赏要点及应用：本种树干直，生长快，适应性较强，适合公园、风景区、校园等孤植或列植栽培观赏。

识别要点

形态：乔木，树冠圆锥形，主干直，树皮灰褐色。

株高：高达30米，胸径可达2米。

叶：叶片长卵状心脏形，有时为卵状心脏形，顶端长渐尖或锐尖头，新枝上的叶有时2裂。

花：聚伞花序有花3 ~ 8朵，花冠管状漏斗形，白色仅背面稍带紫色或浅紫色。

果：蒴果长圆形或长圆状椭圆形。

307 台湾泡桐

学名：*Paulownia kawakamii*

科属：玄参科泡桐属

别名：黄毛泡桐

花果期：花期4～5月，果期8～9月

生境及产地：分布于湖北、湖南、江西、浙江、福建、台湾、广东、广西、贵州。生于海拔200～1500米的山坡灌木丛、疏林及荒地

鉴赏要点及应用：本种主干低矮，花量大，观赏性较强，为优良的早春观花树种，可用孤植于庭园的草地中、庭前、水岸边欣赏。

识别要点

形态：小乔木，树冠伞形，主干矮。

株高：6～12米。

叶：叶片心脏形，顶端锐尖头，全缘或3～5裂或有角，两面均有黏毛。

花：花序为宽大圆锥形，长可达1米，小聚伞花序常具花3朵，花冠近钟形，浅紫色至蓝紫色。

果：蒴果卵圆形。

308 毛泡桐

字名：*Paulownia tomentosa*

科属：玄参科泡桐属

花果期：花期4～5月，果期8～9月

生境及产地：分布于辽宁南部、河北、河南、山东、江苏、安徽、湖北、江西等地。生于海拔1800米以下

鉴赏要点及应用：本种树冠开张，花繁盛，栽培广泛，为著名的观花树种。适合草地、庭园等孤植欣赏，也可作行道树。

识别要点

形态：乔木，树冠宽大伞形，树皮褐灰色。

株高：高达20米。

叶：叶片心脏形，长达40厘米，顶端锐尖头，全缘或波状浅裂。

花：花序为金字塔形或狭圆锥形，小聚伞花序具花3～5朵；花冠紫色，漏斗状钟形。

果：蒴果卵圆形。

309 鸳鸯茉莉

学名：*Brunfelsia acuminata*

科属：茄科鸳鸯茉莉

别名：二色茉莉、双色茉莉

花果期：花期春至秋

生境及产地：产于热带美洲。我国广东、云南等省广泛栽培

鉴赏要点及应用：株形小巧，花开二色，素雅芳香，可用于公园、校园、绿地等的园路边、林缘、山石边或墙垣边栽培观赏，也可修剪成绿篱栽培观赏。常见栽培的同属植物有大花鸳鸯茉莉（*Brunfelsia calycina*）。

大花鸳鸯茉莉

识别要点

形态：常绿灌木，直立，秃净无毛，多分枝。

株高：1米。

叶：单叶互生，长椭圆形或椭圆状矩圆形，先端急尖或长渐尖，基部楔形，全缘或波状，基部楔形。

花：单花或数朵排列成聚伞花序，项生，花萼管状，花冠淡紫色或淡紫间有白色，漏斗状。

果：蒴果。

310 黄瓶子花

学名：*Cestrum aurantiacum*

科属：茄科夜香树属

别名：黄花夜香树

花果期：花期春末至秋

生境及产地：原产于南美洲

鉴赏要点及应用：花序大，花美丽奇特，具芳香，常用于小区、公园及校园绿化，可用于路边、水岸边、山石边或庭院绿化。常见栽培的同属植物有紫瓶子花（*Cestrum purpureum*）、洋素馨（*Cestrum nocturnum*）。

紫瓶子花

识别要点

形态：灌木，全体近无毛或在嫩枝上有短柔毛。

株高：可达3米。

洋素馨

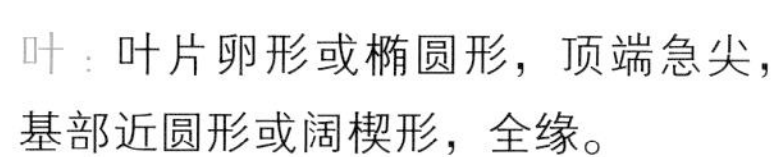

叶：叶片卵形或椭圆形，顶端急尖，基部近圆形或阔楔形，全缘。

花：总状式聚伞花序，顶生或腋生；花冠筒状漏斗形，金黄色，筒在基部紧缩，向檐部渐渐扩大成棒状。

果：浆果梨状。

311 大花曼陀罗

学名：*Brugmansia arborea*
科属：茄科木曼陀罗属
别名：木本曼陀罗
花果期：花期6 ~ 10月
生境及产地：原产于美洲热带地区

鉴赏要点及应用：花大美丽，花形奇特，似喇叭悬垂于枝间，观赏性极高，园林中常孤植或群植于坡地、池边、岩石旁及林缘下，也盆栽用于阶前、廊下绿化；全株有毒，花与种子毒性最强，要防止小孩子误食。常见栽培的同属植物有黄花木曼陀罗（*Datura aurea*）、粉花木曼陀罗（*Brugmansia suaveolens*）。

识别要点

形态：乔木，茎粗壮，上部分枝。

株高：高2米余。

叶：叶卵状披针形、矩圆形或卵形，顶端渐尖或急尖，基部不对称楔形或宽楔形，全缘、微波状或有不规则缺刻状齿。

花：小花单生，俯垂，花冠白色，长漏斗状，筒中部以下较细而向上渐扩大成喇叭状。

果：浆果状蒴果，表面平滑，广卵状。

粉花木曼陀罗

黄花木曼陀罗

312 八宝树

学名：*Duabanga grandiflora*

科属：海桑科八宝树属

花果期：花期春季

生境及产地：产于云南南部。生于海拔900 ~ 1500米的山谷或空旷地。印度、缅甸、泰国、老挝、柬埔寨、越南、马来西亚、印度尼西亚也有

鉴赏要点及应用：植株高大，冠形美观，花序大，观赏性较高，可用于校园、公园作行道树或风景树。

识别要点

形态：乔木；树皮褐灰色，有皱褶裂纹；板状根不甚发达。

株高：高10 ~ 15米。

叶：叶阔椭圆形、矩圆形或卵状矩圆形，顶端短渐尖，基部深裂成心形，裂片圆形。

花：花5 ~ 6基数；花瓣近卵形，雄蕊极多数，2轮排列。

果：蒴果，成熟时从顶端向下开裂成6 ~ 9枚果片。

省沽油科 Staphyleaceae

313 野鸦椿

学名：*Euscaphis japonica*

科属：省沽油科野鸦椿属

别名：山海椒、鸡肾果、红棕

花果期：花期5～6月，果期8～9月

生境及产地：除西北各省外，全国均产。日本、朝鲜也有

鉴赏要点及应用：树姿优美，秋后叶片变红，有较高的观赏性，可用作行道树或风景树种；木材可为器具用材；种子油可制皂；树皮提栲胶；根及干果入药。

识别要点

形态：落叶小乔木或灌木，树皮灰褐色，具纵条纹。

株高：高2～8米。

叶：叶对生，奇数羽状复叶，小叶5～9，稀3～11，厚纸质，长卵形或椭圆形，稀为圆形，先端渐尖，基部钝圆，边缘具疏短锯齿。

花：圆锥花序顶生，花多，较密集，黄白色。

果：蓇葖果，种子近圆形。

314 梧桐

学名：*Firmiana simplex*

科属：梧桐科梧桐属

别名：青桐

花果期：花期6月，果期9～10月

生境及产地：产于我国南北各地，从广东及海南岛到华北均产。日本也有

鉴赏要点及应用：树干通直，叶大浓密，为著名的观赏树种，多用于庭前、草地中、路边或水岸边种植观赏；木材轻软，为制乐器的良材；种子炒熟可食或榨油，油为不干性油；茎、叶、花、果和种子均可药用；树皮的纤维洁白，可用来造纸和编绳等。

识别要点

形态：落叶乔木，树皮青绿色，平滑。

株高：高达16米。

叶：叶心形，掌状3～5裂，裂片三角形，顶端渐尖，基部心形。

花：圆锥花序顶生，花淡黄绿色。

果：蓇葖果膜质，有柄，成熟前开裂成叶状，种子圆球形，表面有皱纹。

315 苹婆

学名：*Sterculia nobilis*

科属：梧桐科苹婆属

别名：凤眼果、七姐果

花果期：主要花期4～5月，果熟期7～8月

生境及产地：产于广东、广西、福建、云南和台湾。印度、越南、印度尼西亚也有

掌叶苹婆

鉴赏要点及应用：植株高大，冠形优美，叶大翠绿，果实奇特，园林中常用于作庭荫树或行道树；种子可食，煮熟后味如栗子；叶可以裹粽。栽培的同属植物有假苹婆（*Sterculia lanceolata*）、掌叶苹婆（*Sterculia foetida*）。

识别要点

形态：乔木，树皮褐黑色，小枝幼时略有星状毛。

株高：高可达20米。

叶：叶薄革质，矩圆形或椭圆形，顶端急尖或钝，基部浑圆或钝，两面均无毛。

假苹婆

花：圆锥花序顶生或腋生，柔弱且披散，萼初时乳白色，后转为淡红色，钟状，雄花较多，雌花较少，略大。

果：蓇葖果鲜红色，厚革质，矩圆状卵形，种子椭圆形或矩圆形，黑褐色。

安息香科 Styracaceae

316 秤锤树

学名：*Sinojackia xylocarpa*

科属：安息香科秤锤树属

别名：捷克木

花果期：花期3 ~ 4月，果期7 ~ 9月

生境及产地：产于江苏。生于海拔500 ~ 800米林缘或疏林中

鉴赏要点及应用：本种花洁白如雪，果实下垂，形似秤锤，观赏性较高，可用于庭园的路边、草坪边缘或庭前栽培观赏。

识别要点

形态：乔木，嫩枝密被星状短柔毛，灰褐色。

株高：高达7米；胸径达10厘米。

叶：叶纸质，倒卵形或椭圆形，顶端急尖，基部楔形或近圆形，边缘具硬质锯齿，生于具花小枝基部的叶卵形而较小，基部圆形或稍心形。

花：总状聚伞花序生于侧枝顶端，有花3 ~ 5朵；花冠裂片长圆状椭圆形，顶端钝。

果：果实卵形，红褐色。

山矾科 Symplocaceae

317 棱角山矾

学名： *Symplocos tetragona*

科属： 山矾科山矾属

别名： 留春树

花果期： 花期3 ~ 4月，果期8 ~ 10月

生境及产地： 产于湖南、江西、浙江。生于海拔1000米以下的杂木林中

鉴赏要点及应用： 树形优美，冠形佳，且四季常青，花洁白繁茂，为优良观花树种，适合庭园等孤植、列植。

识别要点

形态：乔木，小枝黄绿色，粗壮，具4 ~ 5条棱。

株高：10米或更高。

叶：叶革质，狭椭圆形，先端急尖，基部楔形，边缘具粗浅齿。

花：穗状花序基部有分枝，花冠白色。

果：核果长圆形。

柽柳科 Tamaricaceae

318 柽柳

学名： *Tamarix chinensis*

科属： 柽柳科柽柳属

别名： 三春柳、西湖杨、观音柳

花果期： 每年开花两次，春季，夏、秋季，果期6 ~ 10月

生境及产地： 野生于辽宁、河北、河南、山东、江苏、安徽等地。喜生于河流冲积平原、海滨、滩头、潮湿盐碱地和沙荒地

鉴赏要点及应用： 株形美观，枝条纤细柔美，花淡雅美观，多用于滨水岸边、池畔或园路边栽培观赏，也常用于海滨或湿润的盐碱地栽培；材质密而重，可作薪炭柴，亦可作农具用材；细枝柔韧耐磨，可用来编筐；枝叶药用为解表发汗药，有去除麻疹之效。

识别要点

形态：乔木或灌木，老枝直立，暗褐红色，光亮。

株高：高3 ~ 8米。

叶：叶鲜绿色，从去年生木质化生长枝上生出的绿色营养枝上的叶长圆状披针形或长卵形，稍开展，先端尖；上部绿色营养枝上的叶钻形或卵状披针形。

花：春季开花，总状花序侧生在去年生木质化的小枝上，花大而少，花瓣5，粉红。夏、秋季开花；总状花序较春生者细，生于当年生幼枝顶端，组成顶生大圆锥花序，花瓣粉红色。

果：蒴果圆锥形。

319 越南抱茎茶

学名：*Camellia amplexicaulis*

科属：山茶科山茶属

花果期：花期为10月至翌年4月

生境及产地：原产于越南。我国岭南等地有栽培

鉴赏要点及应用：株形美观，花大美丽，且开花繁多，在园林中应用不多，是极有开发前途的观赏树种，适合公园、绿地及庭院路边、一隅栽培观赏。

识别要点

形态：常绿小乔木。

株高：2～3米。

叶：叶狭长，互生，基部心形，与茎紧紧相抱生长。

花：花大，花瓣厚，粉红色，雄蕊黄色。

果：蒴果。

320 杜鹃红山茶

学名：*Camellia azalea*

科属：山茶科山茶属

别名：张氏红山茶

花果期：花期冬至春

生境及产地：产于广东阳春

鉴赏要点及应用：花期长，色泽艳丽，为近年来新兴的园林绿化树种，适合公园、绿地、庭院栽培观赏，盆栽可用于庭院的廊下、阶前及阳台栽培。

识别要点

形态：灌木，小枝红褐色。

株高：1 ~ 2.5米。

叶：叶片卵形至长卵形，革质，先端圆，有时微凹，基部楔形，全缘。

花：近单生或多个集生，花瓣6 ~ 9，玫瑰色，卵形至长卵形。

果：蒴果，种子褐色。

321 红皮糙果茶

学名：*Camellia crapnelliana*

科属：山茶科山茶属

别名：克氏茶

花果期：花期冬至早春，果期秋季

生境及产地：产于香港、广西、福建、江西及浙江

鉴赏要点及应用：株形端正，花朵洁白，果实硕大，树皮红色，均具较高的观赏价值，散植、孤植于池边、路边、角隅或草地中均可；种子榨油可食用。

识别要点

形态：小乔木，树皮红色，嫩枝无毛。

株高：高5 ~ 7米。

叶：叶硬革质，倒卵状椭圆形至椭圆形，先端短尖，尖头钝，基部楔形，上面深绿色，下面灰绿色。

花：花顶生，单花，近无柄，花冠白色，花瓣6 ~ 8片，倒卵形。

果：蒴果球形。

322 山茶

学名： *Camellia japonica*

科属： 山茶科山茶属

别名： 茶花

花果期： 花期1 ~ 4月

生境及产地： 四川、台湾、山东、江西等地有野生种，国内各地广泛栽培

鉴赏要点及应用： 花大美丽，品种繁多，为我国十大名花之一，园林中广泛应用，适合公园、绿地、社区及庭院栽培观赏，片植、孤植、群植均可，也可盆栽用于装饰居室；种子榨油可食用，也可用于工业；花蕾入药，具有凉血散瘀、收敛止血的功效。

识别要点

形态：灌木或小乔木，嫩枝无毛。

株高：高9米。

叶：叶革质，椭圆形，先端略尖，或急短尖而有钝尖头，基部阔楔形。

花：花顶生，红色，花瓣6 ~ 7片，外侧2片近圆形，几离生，内侧5片基部连生，倒卵圆形。

果：蒴果圆球形，每室有种子1 ~ 2个。

323 金花茶

学名：*Camellia nitidissima*

科属：山茶科山茶属

花果期：花期11 ~ 12月

生境及产地：产于广西等地。越南北部也有

鉴赏要点及应用：为著名的观赏树种，花色金黄，极为艳丽，可植于公园、绿地、校园等的路边、草地中或山石处观赏，盆栽可用于居室或庭院绿化。栽培的同属种有凹脉金花茶（*Camellia impressinervis*）、淡黄金花茶（*Camellia flavida*）。

识别要点

形态：灌木，嫩枝无毛。

株高：高2 ~ 3米。

叶：叶革质，长圆形或披针形，或倒披针形，先端尾状渐尖，基部楔形，上面深绿色，发亮。

花：花黄色，腋生，花瓣8 ~ 12片，近圆形。

果：蒴果扁三角球形。

淡黄金花茶

凹脉金花茶

321 云南山茶

学名：*Camellia reticulata*

科属：山茶科山茶属

别名：滇山茶

花果期：花期1 ～ 2月，果期9 ～ 12月

生境及产地：产于云南，多栽培，品种繁多

鉴赏要点及应用：株形美观，叶色光亮，花大艳丽，为著名的观赏植物，在园林中得到了广泛应用，适合庭园的路边、庭前等栽培观赏，也可盆栽用于居家美化；种子可榨油，供食用或工业用。

识别要点

形态：灌木至小乔木，嫩枝无毛。

株高：高可达15米。

叶：叶阔椭圆形，先端尖锐或急短尖，基部楔形或圆形，边缘有细锯齿。

花：花顶生，红色，花瓣红色，6 ～ 7片，最外1片近似萼片，倒卵圆形，其余各片倒卵圆形。

果：蒴果扁球形，种子卵球形。

325 茶梅

学名：*Camellia sasanqua*

科属：山茶科山茶属

别名：茶梅花

花果期：花期初冬至早春，果期秋季

生境及产地：分布于日本，多栽培，我国有栽培品种

鉴赏要点及应用：本种栽培历史悠久，自古就是中国的传统名花，为优良的花灌木，可用于庭园的林缘、庇荫的路边、角隅、墙垣外或池畔栽培观赏或点缀。也可修剪成绿篱或与其他花灌木配植。

识别要点

形态：小乔木，嫩枝有毛。

株高：高1 ~ 2米。

叶：叶革质，椭圆形，先端短尖，基部楔形，有时略圆，边缘有细锯齿。

花：花大小不一，花瓣6 ~ 7片，阔倒卵形，近离生。

果：蒴果球形，种子褐色。

326 广宁红花油茶

学名：*Camellia semiserrata*

科属：山茶科山茶属

别名：南山茶

花果期：花期1～2月，果期10～11月

生境及产地：产于广东及广西。生于海拔200～350米山地

鉴赏要点及应用：花大色艳，果大，观赏性佳，适合公园、庭院或校园等路边或草地边缘等栽培观赏，也可盆栽；种子榨油可食用。

识别要点

形态：小乔木，嫩枝无毛。

株高：高8～12米，胸径50厘米。

叶：叶革质，椭圆形或长圆形，先端急尖，基部阔楔形，边缘上半部或1/3有疏而锐利的锯齿。

花：花顶生，红色，花瓣6～7片，阔倒卵圆形。

果：蒴果卵球形。

327 木荷

学名： *Schima superba*

科属： 山茶科木荷属

别名： 荷木

花果期： 花期6 ~ 8月，果期10 ~ 11月

生境及产地： 产于浙江、福建、台湾、江西、湖南、广东、海南、广西、贵州

鉴赏要点及应用： 植株高大，冠形美观，枝叶浓密，新叶红艳，花繁密，且具芳香，可作庭荫树及风景林；耐火，可用于营建防火林带。

识别要点

形态：大乔木，嫩枝通常无毛。

株高：高25米。

叶：叶革质或薄革质，椭圆形，先端尖锐，有时略钝，基部楔形，边缘有钝齿。

花：花生于枝顶叶腋，常多朵排成总状花序，白色。

果：蒴果。

328 单体红山茶

学名：*Camellia uraku*

科属：山茶科山茶属

花果期：花期12月至次年4月，果期10月

生境及产地：原产于日本，多栽培供观赏，我国有栽培

鉴赏要点及应用：本种抗性强，花期长，为美丽的观花树种，适合庭园角隅、路边、墙边栽培观赏。

识别要点

形态：灌木至小乔木。

株高：1.5 ~ 6米。

叶：叶革质，椭圆形或长圆形，先端短急尖，基部楔形，有时近于圆形。

花：花粉红色或白色，顶生，无柄，花瓣7片。

果：蒴果。

329 厚皮香

学名：*Ternstroemia gymnanthera*

科属：山茶科厚皮香属

花果期：花期5 ~ 7月，果期8 ~ 10月

生境及产地：广泛分布于安徽、浙江、江西、福建、湖北、湖南、广东、广西、云南、贵州以及四川等地。多生于海拔200 ~ 1400米（云南可分布于2000 ~ 2800米）的山地林中、林缘路边或近山顶疏林中。越南、老挝、泰国、柬埔寨、尼泊尔、不丹及印度也有

鉴赏要点及应用：树冠浑圆，冠形美观，枝叶层次感强，花繁密，可用于公园、绿地等作风景树种，孤植、群植均可。

识别要点

形态：灌木或小乔木，全株无毛；树皮灰褐色，平滑。

株高：高1.5 ~ 10米，有时达15米，胸径30 ~ 40厘米。

叶：叶革质或薄革质，通常聚生于枝端，呈假轮生状，椭圆形、椭圆状倒卵形至长圆状倒卵形，顶端短渐尖或急窄缩成短尖，尖头钝，基部楔形，边全缘，稀有上半部疏生浅疏齿。

花：花两性或单性，两性花，萼片5，卵圆形或长圆卵形，花瓣5，淡黄白色，倒卵形。

果：果实圆球形，种子肾形。

瑞香科 Thymelaeaceae

330 结香

学名：*Edgeworthia chrysantha*

科属：瑞香科结香属

别名：打结花、梦花、金腰带

花果期：花期冬末春初，果期春夏间

生境及产地：产于河南、陕西及长江流域以南诸地。野生或栽培

鉴赏要点及应用：花芳香宜人，姿态优雅，为著名的观花、观茎植物，适宜孤植、列植、丛植于庭前、道旁、墙隅、草坪中，或点缀于假山岩石旁；茎皮纤维可作高级纸及人造棉原料；全株入药能舒筋活络、消炎止痛，可作兽药。

识别要点

形态：灌木，小枝粗壮，褐色，常作三叉分枝。

株高：高约0.7 ~ 1.5米。

叶：叶在花前凋落，长圆形、披针形至倒披针形，先端短尖，基部楔形或渐狭，两面均被银灰色绢状毛。

花：头状花序顶生或侧生，具花30 ~ 50朵成绒球状，被灰白色长硬毛，花芳香，黄色。

果：果椭圆形，绿色。

椴树科 Tiliaceae

331 文定果

学名： *Muntingia colabura*

科属： 椴树科文定果属

别名： 文丁果、牙买加樱桃

花果期： 花期春季，果期夏至秋

生境及产地： 原产于热带美洲、斯里兰卡、印度尼西亚等地

鉴赏要点及应用： 株形美观，枝叶繁茂，花白色，果红艳，可用于公园、绿地或庭院的路边、墙隅栽培观赏；果可食。

识别要点

形态：常绿小乔木。树冠伞形或开心形，枝条散生。

株高：可达6米。

叶：单叶互生，纸质，长椭圆形，先端急尖，边缘有锯齿。

花：花腋生，花冠白色，通常有花1～2朵。

果：浆果，成熟后红色。

332 紫椴

学名：*Tilia amurensis*

科属：椴树科椴树属

花果期：花期7月，果熟期9月

生境及产地：产于东北。朝鲜有分布

鉴赏要点及应用：冠形美观，抗性强，为优良绿化树种，适合公园、绿地的园路边列植，也可孤植于草地中或庭前。为优良的密源植物。

识别要点

形态：乔木，树皮暗灰色，片状脱落。

株高：高25米，直径达1米。

叶：叶阔卵形或卵圆形，先端急尖或渐尖，基部心形，稍整正，有时斜截形。

花：聚伞花序，纤细，有花3 ~ 20朵；花瓣长6 ~ 7毫米。

果：果实卵圆形。

333 蒙椴

学名：*Tilia mongolica*
科属：椴树科椴树属
别名：小叶椴、白皮椴、米椴
花果期：花期7月，果期9 ~ 11月
生境及产地：产于内蒙古、河北、河南、山西及辽宁西部

鉴赏要点及应用：株形矮小，冠形较佳，适合公园、庭院或风景区种植观赏，丛植、孤植均可；花是优良的蜜源植物，也可入药；种子油可用于制作肥皂。

识别要点

形态：乔木，树皮淡灰色，有不规则薄片状脱落。

株高：高10米。

叶：叶阔卵形或圆形，先端渐尖，常出现3裂，基部微心形或斜截形，边缘有粗锯齿。

花：聚伞花序，有花6 ~ 12朵，苞片窄长圆形，萼片披针形，退化雄蕊花瓣状。

果：果实倒卵形。

334 朴树

学名： *Celtis sinensis*

科属： 榆科朴属

别名： 黄果朴、紫荆朴、小叶朴

花果期： 花期3 ~ 4月，果期9 ~ 10月

生境及产地： 产于山东、河南、江苏、安徽、浙江、福建、江西、湖南、湖北、四川、贵州、广西、广东、台湾。多生于海拔100 ~ 1500米路旁、山坡、林缘

鉴赏要点及应用： 株形美观，树冠宽广，枝叶浓密，可用作行道树或风景树种，列植、孤植效果均佳；果成熟后可食。

识别要点

形态：落叶乔木，树皮灰白色。

株高：高达30米。

叶：叶多为卵形或卵状椭圆形，但不带菱形，基部几乎不偏斜或仅稍偏斜，先端尖至渐尖，但不为尾状渐尖。

花：花杂性同株，雄花簇生于当年生枝下部叶腋，雌花单生于枝上部叶腋，1 ~ 3朵聚生。

果：果小，一般直径5 ~ 7毫米。

335 榔榆

学名：*Ulmus parvifolia*

科属：榆科榆属

别名：秋榆

花果期：花果期8 ~ 10月

生境及产地：产于我国大部分省区。生于平原、丘陵、山坡及谷地。日本、朝鲜也有分布

鉴赏要点及应用：本种习性强健，易栽培，为优良绿化树种，适合路边列植或用于造林。材质坚韧，纹理直，可供家具、造船等用。树皮可做蜡纸。

识别要点

形态：落叶乔木，树冠广圆形，树皮灰色或灰褐，裂成不规则鳞状薄片剥落。

株高：高达25米，胸径可达1米。

叶：叶质地厚，披针状卵形或窄椭圆形，稀卵形或倒卵形，先端尖或钝，基部偏斜，楔形。

花：花秋季开放，3 ~ 6数在叶腋簇生或排成簇状聚伞花序，花被片4。

果：翅果椭圆形或卵状椭圆形。

336 榆树

字名：*Ulmus pumila*

科属：榆科榆属

别名：白榆

花果期：花果期3 ~ 6月

生境及产地：分布于东北、华北、西北及西南各地。生于海拔1000 ~ 2500米以下之山坡、山谷、川地、丘陵及沙岗等处。朝鲜、俄罗斯、蒙古也有

垂枝榆

鉴赏要点及应用：阳性树种，生长快，适应性强，为优良绿化树种，也可用作绿篱。心材供家具、农具等用。枝皮纤维可代麻制绳索、麻袋或作人造棉与造纸原料；幼嫩翅果与面粉混拌可蒸食；叶可作饲料。树皮、叶及翅果均可药用。栽培的品种有‘金叶’榆‘Jinye’和垂枝榆‘Tenue’。

识别要点

形态：落叶乔木，树皮不规则深纵裂，粗糙。

株高：高达25米，胸径1米。

叶：叶椭圆状卵形、长卵形、椭圆状披针形或卵状披针形，先端渐尖或长渐尖，基部偏斜或近对称。

花：花先叶开放，在去年生枝的叶腋成簇生状。

果：翅果近圆形，稀倒卵状圆形。

‘金叶’榆

马鞭草科 Verbenaceae

337 臭牡丹

学名： *Clerodendrum bungei*

科属： 马鞭草科大青属

别名： 臭枫根、大红袍、矮桐子

花果期： 花果期5 ~ 11月

生境及产地： 产于华北、西北、西南以及江苏、安徽、浙江、江西、湖南、湖北、广西。生于海拔2500米以下的山坡、林缘、沟谷、路旁、灌丛润湿处。印度北部、越南、马来西亚也有

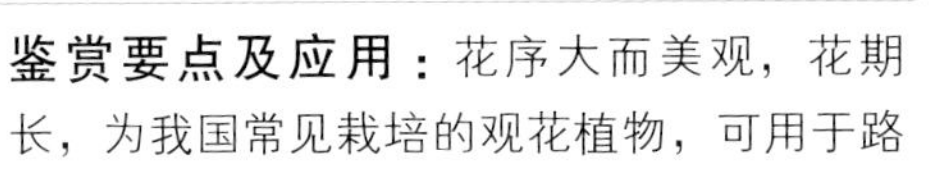

鉴赏要点及应用： 花序大而美观，花期长，为我国常见栽培的观花植物，可用于路边、水岸边、林缘下片植或丛植观赏；根及叶入药。

识别要点

形态：灌木，植株有臭味；小枝近圆形，皮孔显著。

株高：高1 ~ 2米。

叶：叶片纸质，宽卵形或卵形，顶端尖或渐尖，基部宽楔形、截形或心形，边缘具粗或细锯齿。

花：伞房状聚伞花序顶生，密集；花萼钟状，萼齿三角形或狭三角形；花冠淡红色、红色或紫红色。

果：核果近球形，成熟时蓝黑色。

338 赪桐

学名：*Clerodendrum japonicum*

科属：马鞭草科大青属

别名：贞桐花、状元红、荷苞花、红花倒血莲

花果期：花果期5 ~ 11月

生境及产地：产于江苏、浙江南部、江西南部、湖南、福建、台湾、广东、广西、四川、贵州、云南。通常生于平原、山谷、溪边或疏林中或栽培于庭园。东南亚及日本等地也有分布

鉴赏要点及应用：叶色翠绿，花艳如火，花期长达半年，为优良的观花灌木。可用于庭园的路边、林缘、池畔、山石边栽培观赏；全株入药。

识别要点

形态：灌木，小枝四棱形。

株高：高1 ~ 4米。

叶：叶片圆心形，顶端尖或渐尖，基部心形，边缘有疏短尖齿，表面疏生伏毛。

花：二歧聚伞花序组成顶生、大而开展的圆锥花序，花序的最后侧枝呈总状花序；花萼红色；花冠红色，稀白色。

果：果实椭圆形。

339 海州常山

学名：*Clerodendrum trichotomum*

科属：马鞭草科大青属

别名：泡火桐、追骨风、后庭花、臭梧

花果期：花果期6 ~ 11月

生境及产地：产于辽宁、甘肃、陕西以及华北、中南、西南各地。生于海拔2400米以下的山坡灌丛中。朝鲜、日本以及菲律宾北部也有

鉴赏要点及应用：习性强健，花期长，易栽培，多群植或丛植于路边、水岸边或墙垣边观赏；嫩茎叶可食，开水焯熟后清水浸洗，可油炒或做汤；根、茎、叶、花入药。

识别要点

形态：灌木或小乔木，具皮孔，髓白色。

株高：高1.5 ~ 10米。

叶：叶片纸质，卵形、卵状椭圆形或三角状卵形，顶端渐尖，基部宽楔形至截形，偶有心形，全缘或有时边缘具波状齿。

花：伞房状聚伞花序顶生或腋生，通常二歧分枝，疏散，末次分枝着花3朵，花萼蕾时绿白色，后紫红色，基部合生；花香，花冠白色或带粉红色，花冠管细，花丝与花柱同伸出花冠外。

果：核果近球形，成熟时外果皮蓝紫色。

340 蓝蝴蝶

学名：*Rotheca myricoides*

科属：马鞭草科三对节属

别名：紫蝶花、乌干达桢桐

花果期：花期春、夏季

生境及产地：产于热带非洲

鉴赏要点及应用：花形奇特，蓝艳可爱，为近年来引进的观赏植物，适合公园、院园、小区等丛植或片植观赏，也可盆栽装饰阳台、天台或阶前。

识别要点

形态：常绿小型灌木，幼枝方形，紫褐色。

株高：1.5 ~ 2米。

叶：叶对生，倒卵形至披针形，先端尖或钝圆，叶片上半部有浅锯齿。

花：花冠蓝白色，唇瓣蓝紫色，花瓣完全平展。

果：浆果状核果。

341 假连翘

学名：*Duranta repens*

科属：马鞭草科假连翘属

别名：番仔刺、洋刺、篱笆树

花果期：花果期5 ~ 10月，在南方可为全年

生境及产地：原产于热带美洲，我国南部常见栽培，常为野生

鉴赏要点及应用：习性强健，花艳丽，且花期长，在南方常见栽培，常用于路边、墙垣边种植观赏，也是绿篱的优良材料；果入药，治疟疾，叶捣烂可敷治痛肿。常见栽培的品种有‘金叶’假连翘（*Duranta repens* ‘Golden Leaves’）。

‘金叶’假连翘

识别要点

形态：灌木，枝条有皮刺，幼枝有柔毛。

株高：高约1.5 ~ 3米。

叶：叶对生，少有轮生，叶片卵状椭圆形或卵状披针形，纸质，顶端短尖或钝，基部楔形，全缘或中部以上有锯齿。

花：总状花序顶生或腋生，常排成圆锥状，花冠通常蓝紫色。

果：核果球形，熟时红黄色。

342 冬红

学名：*Holmskioldia sanguinea*

科属：马鞭草科冬红属

别名：冬红花

花果期：花期冬末春初

生境及产地：原产喜马拉雅。现我国广东、广西、台湾等地有栽培

鉴赏要点及应用：习性强健，花期长，花萼鲜艳，观赏性强，常用于公园、绿地或庭院栽培观赏，可丛植于路边、墙垣边或山石旁，盆栽可用于阳台、天台等绿化。

识别要点

形态：常绿灌木，小枝四棱形，具四槽，被毛。

株高：高3 ~ 7米。

叶：叶对生，膜质，卵形或宽卵形，基部圆形或近平截，叶缘有锯齿，两面均有稀疏毛及腺点。

花：聚伞花序常2 ~ 6个再组成圆锥状，每聚伞花序有3朵花，中间的一朵花柄较两侧为长，花萼朱红色或橙红色，花冠朱红色。

果：果实倒卵形。

343 柚木

学名：*Tectona grandis*

科属：马鞭草科柚木属

别名：脂树、紫油木

花果期：花期8月，果期10月

生境及产地：分布于印度、缅甸、马来西亚和印度尼西亚。我国云南、广东、广西、福建、台湾等地引种栽培

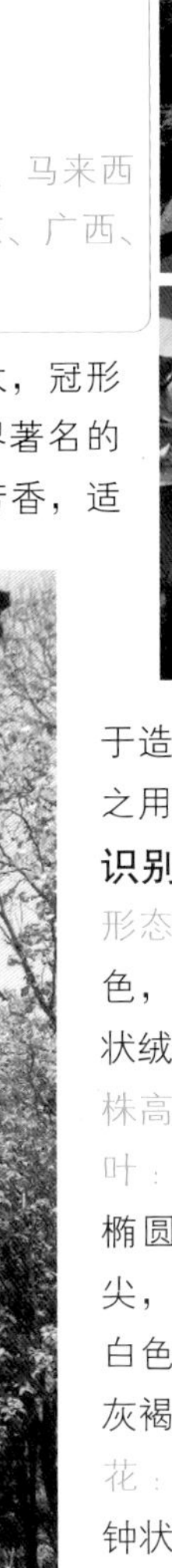

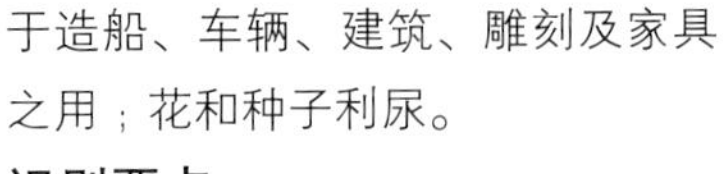

鉴赏要点及应用：本种植株高大，冠形美，可用作风景树种；柚木是世界著名的木材之一，质坚硬，光泽美丽，芳香，适于造船、车辆、建筑、雕刻及家具之用；花和种子利尿。

识别要点

形态：大乔木，小枝淡灰色或淡褐色，四棱形，被灰黄色或灰褐色星状绒毛。

株高：高达40米。

叶：叶对生，厚纸质，全缘，卵状椭圆形或倒卵形，顶端钝圆或渐尖，基部楔形下延，表面粗糙，有白色突起，沿脉有微毛，背面密被灰褐色至黄褐色星状毛。

花：圆锥花序顶生，有香气，花萼钟状，花冠白色。

果：核果球形。